Bäume und Sträucher Seite 176

Blüten und Früchte häufiger Bäume wie Buche, Eiche und Kiefer sind in diesem Extra-Teil beschrieben. Pfaffenhütchen, wolliger Schneeball und schwarzer Holunder sind auffällige Sträucher unserer Hecken.

Heike Dorsch

Kosmos
Blumenführer
für unterwegs

KOSMOS

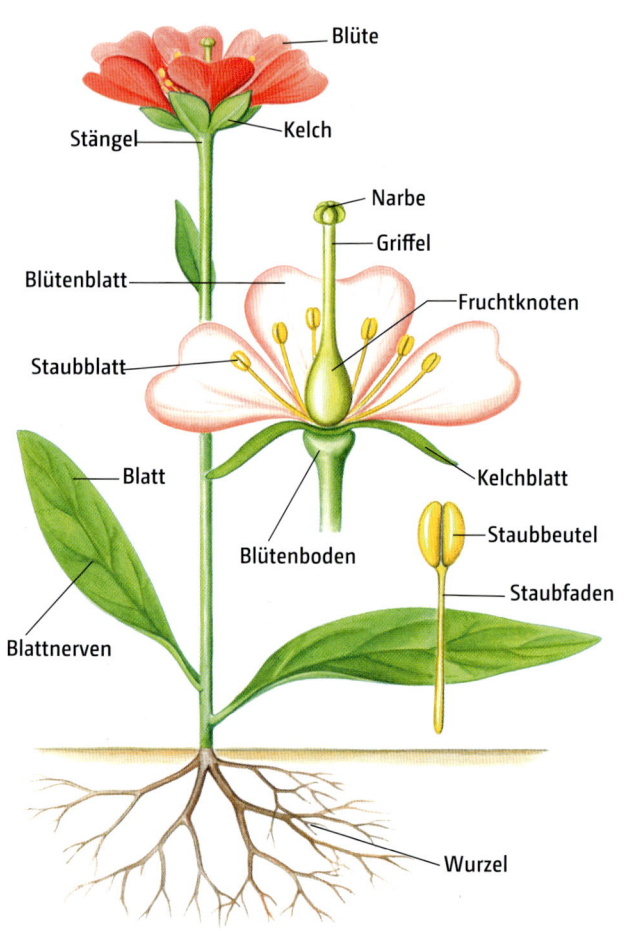

Blüte

Kelch

Stängel

Narbe

Griffel

Blütenblatt

Fruchtknoten

Staubblatt

Blatt

Kelchblatt

Staubbeutel

Blütenboden

Staubfaden

Blattnerven

Wurzel

Inhalt

Mit dem Blumenführer unterwegs

Blumen sind bunt und Gras ist grün - so erscheint vielen Einsteigern die Pflanzenwelt. Manch einer erkennt noch ein blühendes Gänseblümchen. Umso faszinierender ist es daher, wenn erfahrene Botaniker an einem einzigen grünen Stängel und ein paar Blättern sehen, dass sie eine Rundblättrige Glockenblume vor sich haben. „Ist das jetzt ganz sicher Bärlauch oder doch ein Maiglöckchen?" Allein der Duft zerriebener Blätter kann bei der Unterscheidung ähnlich aussehender Arten helfen und auf diese Weise gefährliche Verwechslungen vermeiden.

... auch ohne Lupe

Ein Pflanzenkenner weiß worauf bei der Bestimmung einer Pflanze zu achten ist und kann einem ganz einfach erklären wie man verschiedene Pflanzen auseinander hält. Um eine Pflanze richtig zu bestimmen muss man aber nicht gleich alle Merkmale im Kopf haben. Oft verrät der Standort, an dem die Pflanze wächst, um welche Art es

sich handeln könnte. Es gibt Pflanzen, die für bestimmte Lebensräume typisch sind. So ist in feuchten Gräben eher das Sumpf-Vergissmeinnicht zu erwarten, als das an etwas trockeneren Stellen vorkommende Wald-Vergissmeinnicht. Ein Blick durch eine Lupe ist also nicht immer unbedingt nötig, kann aber hilfreich sein.

... und auf eigene Faust

Ist man allein unterwegs, bietet dieser Blumenführer eine einfache Möglichkeit Blumen zu erkennen. Farblich markierte Lebensräume geben eine erste Orientierung. Die Einteilung nach Blütenfarben und -formen führt dann zum Ziel. So stellt sich ganz schnell heraus, dass die auf feuchtem Waldboden gefundene Schlüsselblume keine Wiesen-Schlüsselblume sein kann, sondern die Hohe Schlüsselblume sein muss.
In der Kopfzeile jeder Art stehen Blütezeit und Pflanzenfamilie. Der „Tipp für unterwegs" gibt Ihnen auf

einen Blick wichtige Informationen zur Erkennung, Giftigkeit und Artenschutz. „Merkmale", „Vorkommen/Standort" und „Wissenswertes" informieren rund um jede Art. **… mit Extrateilen „In der Stadt" und „Bäume und Sträucher"!**

Viele Pflanzen finden auch in Städten und Dörfern geeignete Lebensbedingungen zusätzlich zu ihren natürlichen Lebensräumen. So wächst der Wiesen-Löwenzahn auch in Parkanlagen und am Wegrand. Im Extrateil „Siedlungen" sind auf einen Blick häufige Arten mit Fotos zusammengestellt, jeweils mit Verweis auf die entsprechende Seite ihres natürlichen Lebensraumes. In einem weiteren Extrateil „Bäume und Sträucher" werden Blüten und Früchte auffälliger Gehölze vorgestellt.

… zur rechten Zeit am rechten Ort

Im Wald lohnt sich ein Spaziergang schon im zeitigen Frühjahr, wenn die Bäume noch kahl sind. Dann blühen hier besonders viele Blumen. Wiesenblumen blühen ab Mai. Um in hohen Wiesen keinen Flurschaden zu hinterlassen, bitte nur vom Wegrand aus botanisieren. Gewässer laden im Sommer zu botanischen Entdeckungen ein und für Erkundungen der Pflanzenwelt in Siedlungen eignet sich besonders der Sommer.

… für ganz Neugierige

Möchten Sie noch mehr über eine Pflanzenart erfahren, die Sie gefunden haben oder weitere Arten kennen lernen, empfehle ich Ihnen den Kosmos Blumenführer „Was blüht denn da?".

Auf Ihren Streifzügen durch die Natur wünsche ich Ihnen viele schöne und spannende Stunden. Und falls Sie beim Bestimmen nicht gleich bei der richtigen Art landen: das passiert jedem mal. Bei der nächsten Pflanze klappt es dafür umso besser.

Heike Dorsch

Im Wald

Wenn der Schnee zu schmelzen beginnt treiben die lichtbedürftigen Waldbodenpflanzen aus. Buschwindröschen, hohler Lerchensporn, Bärlauch und Märzenbecher bedecken den Waldboden mit einem blühenden Teppich. Aber auch im tiefen Schatten gibt es im Wald noch Pflanzen zu entdecken, die sich auf diese Lebensbedingungen spezialisiert haben.

Zwiebel-Zahnwurz
Cardamine bulbifera, Dentaria bulbifera   APR–MAI

Tipp für unterwegs

Wenn Sie Ableger der Zwiebel-Zahnwurz haben möchten, sammeln Sie die abgefallenen Brutzwiebeln.

Brutzwiebel mit Ausläufer

Merkmale 30-70 cm hoher, unverzweigter Stängel mit blassvioletten Blüten. Die Blätter sind aus drei bis sieben Teilblättchen zusammengesetzt (unpaarig gefiedert). In den oberen Blattachseln sitzen eiförmige, braunviolette Brutzwiebeln (Bulbillen).
Vorkommen/Standort In frischen, nährstoff- und basenreichen oft steinigen Buchen- und Buchenmischwäldern bildet die Zwiebel-Zahnwurz große Bestände.
Wissenswertes Die ungeschlechtliche Ausbreitung erfolgt über unterirdische Rhizome und kleine Brutzwiebeln. Schoten mit reifen Samen werden nur selten beobachtet.

Preiselbeere, Kronsbeere
Vaccinium vitis-idaea   MAI–AUG

Tipp für unterwegs

Im Spätsommer kann man die roten Beeren pflücken. Sie schmecken als Marmelade zu Kaiserschmarren oder auch zu Wildgerichten.

Blattunterseite mit Punkten

Merkmale 5-15 cm hoher immergrüner Zwergstrauch mit ledrigen Blättern und glänzender Blattoberseite, Blattunterseite mit dunklen Punkten. Der Blattrand ist umgerollt. Glöckchenförmige Blüten stehen zu mehreren an den Zweigspitzen, Früchte rot.
Vorkommen/Standort Die Preiselbeere ist in nährstoffarmen, bodensauren Kiefern- und Fichtenwäldern sowie in Heiden und Mooren zu finden.
Wissenswertes Der herbsaure Geschmack der Preiselbeeren kommt von dem hohen Anteil an Fruchtsäuren: Benzoesäure, Vitamin C und Salicylsäure. Eine mit der Preiselbeere verwandte Art ist die in Nordamerika beheimatete großfruchtige Moosbeere *Vaccinium macrocarpon* (engl. Cranberry). Sie wird bei uns unter der Bezeichnung „Kulturpreiselbeere" angeboten.

Heidelbeere, Blaubeere
Vaccinium myrtillus   APR–AUG

Merkmale 15-50 cm großer Zwergstrauch mit scharfkantigen Ästen. Die hellgrünen Blätter sind am Blattrand fein gesägt und fallen im Herbst ab. Die kugeligen, rötlichgrünen Blüten stehen einzeln in den Blattachseln. Blauschwarze Beeren mit blaurotem Fleisch.
Vorkommen/Standort Die Heidelbeere kommt in Nadelwäldern und -forsten auf frischen, nährstoff- und basenarmen Böden vor. Sie ist auch in Mooren und Bergheiden zu finden.
Wissenswertes Eine Heidelbeerpflanze kann bis zu 30 Jahre alt werden und bedeckt durch vegetative Vermehrung eine Fläche von bis zu 1000 m². Die kahlen Triebe sind im Winter eine wichtige Futterquelle für das Wild. Den Saft der Beeren verwendeten die Römer zum Färben der Kleider ihrer Sklaven.

Kantige Zweige

Stinkender Storchschnabel, Ruprechtskraut
Geranium robertianum   MAI–OKT

Merkmale 20-40 cm hohe, einjährige Kräuter. Der rötliche Stängel ist drüsig behaart. Blätter aus 3-5 Einzelblättchen zusammengesetzt, rosa Blüten. Pflanze riecht beim Zerreiben zwischen den Fingern unangenehm.
Vorkommen/Standort Der Stinkende Storchschnabel wächst in nährstoff- und krautreichen Wäldern, Heckensäumen sowie an schattigen Felsen und Ruderalstellen.
Wissenswertes Mit seinen Blattgelenken kann das Ruprechtskraut die Blätter so ausrichten, dass das einfallende Sonnenlicht optimal ausgenutzt wird.
In der Volksheilkunde nutzte man das Ruprechtskraut unter anderem als blutstillendes, antiseptisches Mittel.

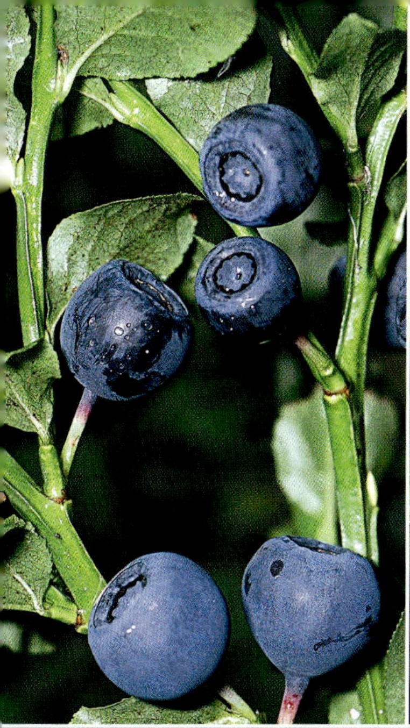
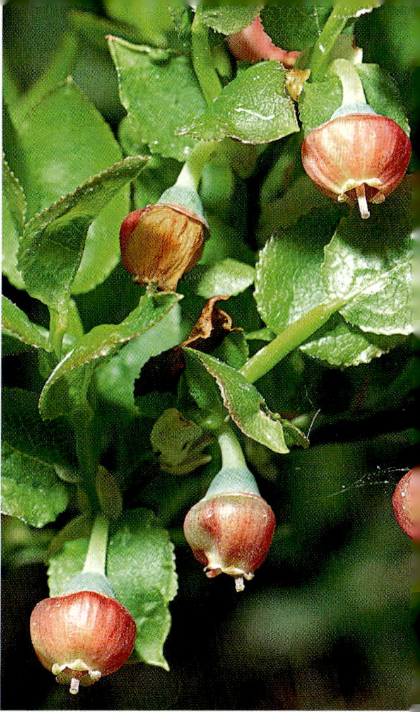
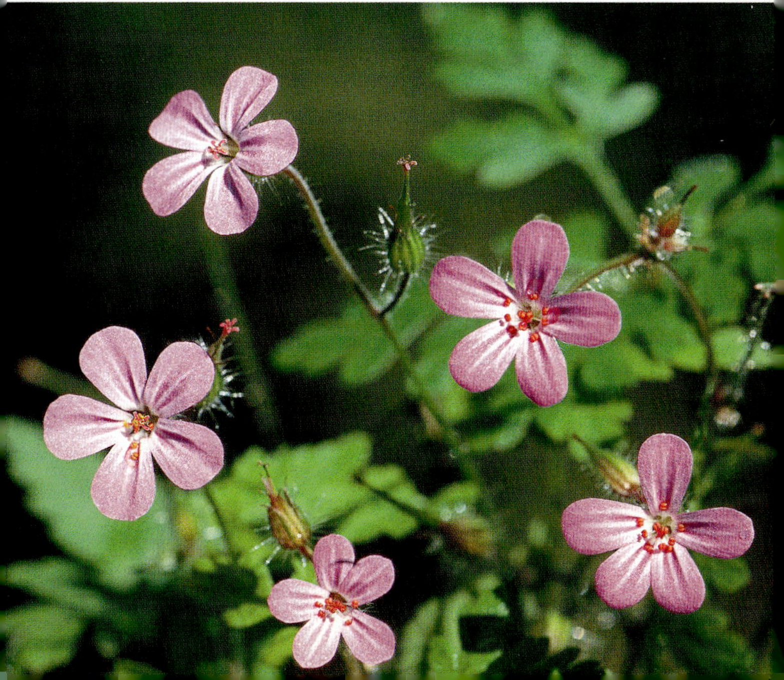

Tipp für unterwegs

Beim Nachtspaziergang riecht man den Duft der Türkenbund-Lilie. Er lockt langrüsselige Nachtfalter an.

Türkenbund-Lilie
Lilium martagon   JUN–JUL

Merkmale 40-100 cm hohe Staude. Die zurückgebogenen Spitzen der hellpurpurfarbenen, dunkler gefleckten Blütenblätter berühren den Stängel. Dadurch entsteht die typische Turbanform der Blüten; geschützt!
Vorkommen/Standort Die Türkenbund-Lilie kommt zerstreut in krautreichen Laub- und Nadelwäldern auf lockeren, sickerfrischen und basischen Böden vor. Außerhalb des Waldes ist sie in subalpinen Hochstaudenfluren zu finden.
Wissenswertes Die Alchemisten versuchten mit Hilfe der goldgelben Zwiebel aus unedlen Metallen Gold herzustellen. Als Futter für Kühe sollte die Goldwurz, wie die Türkenbundlilie auch genannt wird, Butter eine gelbe Farbe verleihen.

Tipp für unterwegs

Am Hohlen Lerchensporn kann man oft Ameisen beobachten, die von den weißen, klebrigen Anhängseln an den Samen (Elaiosom=Ölkörper) angelockt werden.

Hohler Lerchensporn
Corydalis cava   MÄR–MAI

Merkmale An dem aufrechten Blütenstängel der 10-35 cm hohen Staude sitzen bis zu 20 rote oder weiße, lang gesporne Blüten. Die Wurzelknolle ist innen hohl.
Vorkommen/Standort Bildet flächendeckende Bestände in krautreichen Buchen- und Eichenwäldern auf frischen, nährstoff- und basenreichen Böden; auch in Auenwäldern und Obstgärten verbreitet.
Wissenswertes Vor allem die Knolle enthält giftige Alkaloide. Wie bei vielen Waldbodenpflanzen müssen Blüte und Samenreife im Frühling abgeschlossen sein solange noch genügend Licht auf den Waldboden fällt und bevor sich das Blätterdach der Bäume schließt.
Sind die Tragblätter zwischen den Blüten fingerförmig gelappt, handelt es sich um den Finger-Lerchensporn (*Corydalis solida*).

Frühlings-Platterbse
Lathyrus vernus   APR–MAI

Tipp für unterwegs

An der Frühlings-Platterbse lassen sich Hummeln und Wildbienen beobachten, die den Pollen sammeln.

Merkmale 20-40 cm hohe Staude mit purpurroten Blüten; Blätter sind aus bis zu vier Blättchenpaaren zusammengesetzt mit einem zarten, krautigen Spitzchen.
Vorkommen/Standort Die Frühlings-Platterbse kommt in krautreichen Wäldern auf nährstoff- und basenreichen Böden vor; Kalkzeiger.
Wissenswertes Der Zellsaft der Blütenzellen enthält als Farbstoff Anthocyane. Der abnehmende Säuregehalt in den Zellen bewirkt eine Veränderung der Blütenfarbe. Knospen erscheinen purpurrot. Die offenen Blüten sind blauviolett und verblühen blaugrün.

Roter Fingerhut
Digitalis purpurea   JUN–AUG

Tipp für unterwegs

Achten Sie auf den Sonnenstand: Blüten von Pflanzen, die in der vollen Sonne stehen, zeigen nach Süden. Vorsicht, sehr stark giftig!

Merkmale 40-150 cm großes, zweijähriges Kraut, seltener Staude mit unverzweigtem Stängel. Glockige, rote Blüten sind innen mit dunkelroten, weiß umrandeten Flecken gezeichnet. Die Blätter sind oben runzlig mit weißfilzig behaarter Unterseite.
Vorkommen/Standort Der Rote Fingerhut besiedelt sonnige bis halbschattige Waldschläge, -wege und Lichtungen auf frischen, sauren Böden, auch Brandflächen.
Wissenswertes Die Flecken in der Blüte ahmen Staubbeutel nach und locken Hummeln an. Der bei bestimmten Herzleiden eingesetzte Rote Fingerhut ist der Volksmedizin schon lange bekannt.

Gefleckte Taubnessel
Lamium maculatum   APR–SEP

Tipp für unterwegs

Zupft man einzelne Blüten ab, kann man den süßen Nektar aus der engen Blütenröhre heraussaugen.

Merkmale 15-60 cm hohe, brennnesselähnliche Stauden ohne Brennhaare. Die purpurroten Blüten sind in Ober- und Unterlippe gegliedert. Der Stängel ist vierkantig mit gegenüberstehenden Blättern.
Vorkommen/Standort Die Gefleckte Taubnessel ist in Laubmischwäldern, besonders in Auenwäldern, aber auch an Waldrändern und Hecken sowie an Wegen und Zäunen zu finden.
Wissenswertes Der Duft der Blüten lockt Hummeln an. Flecken auf der Unterlippe zeigen ihnen den Weg zum Nektar. Ameisen verschleppen die Samen und fressen das ölhaltige Anhängsel. Ausläufer dienen der vegetativen Vermehrung.

Tipp für unterwegs

Alle Teile der Pflanze riechen unangenehm wenn man sie zwischen den Fingern zerreibt.

Wald-Ziest
Stachys sylvatica   JUL–SEP

Merkmale 30-100 cm hohe Staude mit dunkel braunroten Blüten und weiß gemusterter Unterlippe. Der vierkantige Stängel ist auf den Kanten dicht abstehend behaart, im oberen Teil klebrig-drüsig. Die Blätter sehen brennnesselähnlich aus mit ihrem herzförmigen Blattgrund und dem langen Blattstiel.

Vorkommen/Standort Der Wald-Ziest wächst in Auenwäldern und feuchten Laubmischwäldern, an Waldwegen und Gebüschen auf nährstoffreichen, humosen Böden. Auch in Uferstaudenfluren ist der Wald-Ziest anzutreffen. Er bevorzugt schattige bis halbschattige Standorte und ist nährstoffanspruchsvoll.

Wissenswertes Besuchen keine Bienen und Hummeln die Blüten, ist der Wald-Ziest auch in der Lage sich selbst zu bestäuben. Exemplare, denen der Blütenfarbstoff Anthocyan fehlt, haben weißliche Blüten.

Blatt

Tipp für unterwegs

Zum Unterscheiden: Eine eng verwandte Art ist das Weiße Waldvögelein. Es besitzt einen unbehaarten Stängel und eiförmige Blätter.

Rotes Waldvögelein
Cephalanthera rubra   JUN–JUL

Merkmale 30-50 cm hohe Staude. Die roten Blütenblätter sind oft zusammengeneigt. Der Blattgrund der länglichen Blätter umfasst den oberwärts behaarten Stängel.

Vorkommen/Standort In wärmeliebenden Buchen-, Eichen- und Kiefernwäldern der Kalkgebiete ist das Rote Waldvögelein auf mäßig frischen Böden zerstreut verbreitet.

Wissenswertes Das Rote Waldvögelein ist eine Pollentäuschblume. Sie imitiert die Blütenmerkmale von Glockenblumen ohne jedoch Pollen für Ihre Bestäuber bereitzustellen. Die männlichen Scheren- und Glanzbienen, patrouillieren bei ihrer Suche nach Nahrung und Weibchen immer auf bestimmten Flugbahnen zwischen den Glockenblumen hin und her. Da Bienen in einem anderen Wellenlängenbereich sehen, nehmen sie die für uns unterschiedlichen Farben als gleich wahr und fliegen auch die Blüten des Roten Waldvögeleins an. Das Rote Waldvögelein ist wie alle Orchideen geschützt.

Im Wald: Blütenfarbe weiß

Knoblauchsrauke
Alliaria petiolata APR–JUN

Merkmale 20-100 cm hohes einjähriges oder überwinterndes Kraut; Die gezähnten Blätter riechen und schmecken beim Zerreiben nach Knoblauch. Nach der Befruchtung entstehen aus den kleinen, weißen Blüten schmale Schoten mit einer Reihe schwarzer Samen.
Vorkommen/Standort Die Knoblauchsrauke ist ein Närstoffzeiger. Sie ist an schattigen, luftfeuchten Waldrändern, Hecken sowie entlang von Zäunen und in Parkanlagen anzutreffen.
Wissenswertes Ätherische Öle und das Glukosid Sinigrin sorgen für den knoblauchartigen Geschmack. Früher wurde die Knoblauchsrauke als Heilpflanze verwendet.

Tipp für unterwegs

Die Knoblauchsrauke eignet sich roh als Gewürz in Salaten oder Quark. Die weißen Blüten sind eine hübsche Dekoration.

Kletten-Labkraut
Galium aparine JUL–OKT

Merkmale 60-200 cm großes einjähriges Kraut. Der vierkantige Stängel und die Blätter sind durch gekrümmte Stacheln rau. Vierzipflige Blüten sind grünlichweiß. Die kugeligen Früchte sind rundherum mit kleinen Häkchen besetzt.
Vorkommen/Standort Das Kletten-Labkraut kommt an Wald- und Heckenrändern, Äckern, Ufern und Siedlungen vor auf frischen, nährstoffreichen Lehmböden; oft gemeinsam mit Brennnesseln.
Wissenswertes Das Klettenlabkraut hält sich mit den Häkchen an anderen Pflanzen fest und überwuchert diese. So gelangt es trotz des dünnen Stängels an das lebensnotwendige Licht.

Tipp für unterwegs

Lassen Sie Ihre Hunde wenn möglich nicht durch ein Klettengestrüpp streifen, die Samen haften wie ein Klettverschluss.

vierkantiger Stängel

Waldmeister
Galium odoratum MAI–JUN

Merkmale 15-30 cm hohe Staude mit unterirdischen Ausläufern und dunkelgrünen, in Quirlen angeordneten Blättern. Die vierzipfligen Blüten sind weiß; kugelige Früchte mit Häkchen besetzt.
Vorkommen/Standort In krautreichen Buchen- und Laubmischwäldern auf frischen, nährstoff- und basenreichen Lehmböden bildet der Waldmeister dichte Bestände.
Wissenswertes Beim Verwelken wird Cumarin freigesetzt, das den typischen Waldmeisterduft ausmacht. Als Würzpflanze wird der Waldmeister z. B. in der Maibowle und der „Berliner Weissen" eingesetzt.

Tipp für unterwegs

Für die Waldmeisterbowle sind zwei bis drei Pflanzen pro Liter Wein ausreichend.

Im Wald: Blütenfarbe weiß

Tipp für unterwegs

Die Echte Stern-
miere blüht über
mehrere Monate.
Die Einzelblüten
blühen nur kurz.

Blätter
kreuzgegenständig

Echte Sternmiere
Stellaria holostea   APR–MAI

Merkmale 15-30 cm große Staude mit ober- und unterirdischen Ausläufern. Die steifen Blätter sind am Rand rau
und stehen sich gegenüber an den zerbrechlichen, vierkantigen Stängeln; bis 2 cm große, weiße Blüten.
Vorkommen/Standort In lichten, krautreichen Mischwäldern und Heckensäumen wächst die Echte Sternmiere
meist in größeren Gruppen. Die Böden sind frisch, kalkfrei
oder oberflächlich entkalkt.
Wissenswertes Die Echte Sternmiere ist für einige
Nachtfalterarten eine wichtige Nektar- und Raupen-Fut-
terpflanze. Sie kann sich aber auch selbst bestäuben.

Tipp für unterwegs

Die jungen, knos-
pigen Sprosse
kann man als
Wildgemüse wie
Spargel zube-
reiten.

Wald-Geißbart
Aruncus dioicus   JUN–JUL

Merkmale 80-150 cm hohe Staude. Die Blütenstände
bestehen aus vielen kleinen weißen (weiblichen) oder
gelblichweißen (männlichen) Einzelblüten. Die Einzelblättchen stehen zu zweit oder dritt an den zweifach verzweigten Blattrippen der bis zu 1 m langen Blätter.
Vorkommen/Standort Der Wald-Geißbart ist in luftfeuchten Schluchtwäldern und schattigen Steilhängen anzutreffen; Die meist steinigen, bewegten Lehmböden sind nähr-
stoff- und basenreich, aber vorzugsweise kalkarm.
Wissenswertes Wie der wissenschaftliche Name schon
verrät, ist der Wald-Geißbart zweihäusig. Das bedeutet, es
gibt männliche und weibliche Pflanzen.

Tipp für unterwegs

Lösen sich Frucht
und Kelch mit
einem kna-
ckenden Geräusch,
handelt es sich
um eine weniger
schmackhafte
Knackelbeere.

Wald-Erdbeere
Fragaria vesca   MAI–JUN

Merkmale 5-20 cm hohe Staude mit langen Ausläufern
und weißen Blüten. Die Blätter sind dreiteilig. Die Frucht
ist eine gebildete Scheinbeere, auf der die „Nüsschen"
genannten Samen sitzen.
Vorkommen/Standort Die Wald-Erdbeere findet man in
Laubwäldern, Waldschlägen und Gebüschen auf frischen,
nährstoffreichen Böden.
Wissenswertes Erdbeeren sind reich an Vitaminen und
Mineralstoffen. Die Blätter werden aufgrund ihres Gerb-
stoffgehalts in der Volksheilkunde als Tee eingesetzt bei
Entzündungen der Mundschleimhaut und Durchfaller-
krankungen.

Wald-Sauerklee
Oxalis acetosella   APR–MAI

Merkmale 5-12 cm hohe Staude. Die leuchtend hellgrünen Kleeblätter entspringen direkt am kriechenden Wurzelstock. Sie werden von weißen, purpur geaderten Blüten überragt.
Vorkommen/Standort In Wäldern und Nadelforsten bedeckt der Wald-Sauerklee in größeren Gruppen den Boden. Er bevorzugt frische bis feuchte Böden mit Moderhumus.
Wissenswertes Wald-Sauerklee ist sehr schattenverträglich und kommt mit nur 1% des Tageslichts aus. Bei Erschütterungen, Kälte, Überbelichtung oder Dunkelheit klappen die Blätter herunter und „schlafen".

Tipp für unterwegs

Der Wald-Sauerklee ist leicht zu erkennen. Seine Blätter erinnern an „Glücksklee".

Giersch
Aegopodium podagraria   JUN–JUL

Merkmale 50-90 cm hohe Staude mit auffälliger weißer Blütendolde. Die Blätter sind zusammengesetzt aus eiförmigen, gesägten Teilblättern.
Vorkommen/Standort Giersch kommt meist in großen Gruppen in Auen, Schluchtwäldern, an Waldrändern und Ufern vor; in Siedlungen auf Friedhöfen und in Gärten.
Wissenswertes Aufgrund seiner Fähigkeit Ausläufer zu bilden ist Giersch ein gefürchtetes Gartenunkraut. Im Mittelalter trug er als Wildgemüse maßgeblich zur Vitamin-C-Versorgung der Bevölkerung bei. Als Tee wurde er gegen Gicht und Rheuma verwendet.

Tipp für unterwegs

Junge Stängel und Blätter eignen sich für die Zubereitung von Suppen und Wildgemüse.

Ausläufer

Weiße Schwalbenwurz
Vincetoxicum hirundinaria   MAI–AUG

Merkmale 30-80 cm große Staude mit gelblichweißen Blüten. Die Blätter besitzen einen herzförmigen Blattgrund und stehen einander am Stängel gegenüber. Samen mit seidig glänzenden Flughaaren.
Vorkommen/Standort Die Schwalbenwurz wächst in lichten, wärmeliebenden Wäldern, Säumen und Trockenrasen auf Felsen. Trockene, basenreiche, meist kalkhaltige Böden und Steinschutt werden von der Pionierpflanze intensiv und tief durchwurzelt.
Wissenswertes Die Blüten riechen durch Amine unangenehm fischartig und locken Fliegen an. Alle Pflanzenteile sind giftig und führen Milchsaft.

Tipp für unterwegs

Fliegen, die in den Klemmkörper der Blüte treten, müssen beim Herausziehen des Beines die Pollenkörner zur nächsten Pflanze mitnehmen.

Tipp für unterwegs

Die Pflanze bildet eine dünne gekrümmte Röhre – die Teufelskralle –, die sich spaltet und die Blüte erblühen lässt.

Grundblatt

Ährige Teufelskralle
Phyteuma spicatum MAI–JUL

Merkmale 30–80 cm hohe Staude mit herzförmigen Grundblättern. Die gelblichweißen Einzelblüten reißen nur im unteren Teil auf. An der grünlichen Spitze bleiben die Blütenblätter miteinander verwachsen.
Vorkommen/Standort Die Ährige Teufelskralle kommt in krautreichen Wäldern auf frischen, nährstoff- und basenreichen Böden vor.
Wissenswertes Den deutschen Namen Teufelskralle verdankt die Pflanze ihren nach oben gebogenen Blütenknospen. Die kleinen Einzelblüten sind zu einem Gesamtblütenstand vereinigt, was die Teufelskralle noch attraktiver für Insekten macht.

Tipp für unterwegs

Nachts und bei trüber Witterung neigen sich die geschlossenen Blüten nach unten.

Buschwindröschen
Anemone nemorosa MÄR–MAI

Merkmale 10–25 cm große Staude mit weißen, sternchenförmigen Blüten. Die Unterseite der Blütenblätter ist oft rötlich-purpurn überlaufen. Die handförmigen Blätter stehen zu dritt an den Stängeln.
Vorkommen/Standort Das Buschwindröschen ist in krautreichen Laub- und Nadelwäldern, Gebüschen und Bergwiesen immer in größeren Gruppen anzutreffen.
Wissenswertes Das Buschwindröschen blüht bevor sich das Laubdach der Bäume schließt. Danach sterben die oberirdischen Pflanzenteile ab und die Pflanze überdauert im Boden. Die ganze Pflanze enthält giftiges Protoanemonin. Ameisen verbreiten die Samen.

Tipp für unterwegs

Zur Unterscheidung: Der Salomonssiegel ähnelt der Vielblütigen Weißwurz. Er besitzt einen kantigen Stängel mit je 1–2 Blüten.

Vielblütige Weißwurz
Polygonatum multiflorum MAI–JUN

Merkmale 30–80 cm hohe Staude mit bogig geneigten, runden Stängeln. Es hängen meist 2–5 weiße Blütenglöckchen am Stängel. Blätter sind oval mit parallelen Blattnerven; Früchte sind dunkelblau bereifte Beeren.
Vorkommen/Standort Die Vielblütige Weißwurz lockert in krautreichen, frischen Mischwäldern nährstoff- und basenreiche Lehmböden.
Wissenswertes Alle Pflanzenteile enthalten giftige Saponine! Bei dem Wurzelstock soll es sich um die geheimnisvolle „Springwurz" handeln, die Felsen sprengen und Türen öffnen kann.

Tipp für unterwegs

Maiglöckchen-
blätter haben sehr
viele dicht stehen-
de Blattnerven,
bei den Bärlauch-
blättern liegen
sie 3-4 Milli-
meter aus-
einander.

Blatt

Maiglöckchen
Convallaria majalis   MAI–JUN

Merkmale 10-20 cm große Staude mit kriechenden Rhizomen. Weiße sechszipflige Blütenglöckchen hängen alle
zur selben Seite; zwei übereinanderstehende Laubblätter,
Früchte sind rote Beeren.
Vorkommen/Standort Maiglöckchen wachsen in mäßig
trockenen bis frischen Mischwäldern auf tiefgründigen,
lockeren Böden in größeren Gruppen.
Wissenswertes Der intensive, süßliche Maiglöckchenduft
lockt Bestäuber an und wird für die Parfümerie verwendet. Maiglöckchen enthalten Glycoside mit einer ähnlichen Gift- bzw. Heilwirkung wie beim Fingerhut. Früher
war es das Zeichen der Heilkunde und der Ärzte.

Tipp für unterwegs

Blätter duften
beim Zerreiben
nach Knoblauch.
Die Blätter der
Giftpflanzen Mai-
glöckchen und
Herbstzeitlose
nicht.

Bärlauch
Allium ursinum   APR–MAI

Merkmale 20-50 cm hohe Staude mit schmaler Zwiebel.
Die Blätter sind deutlich gestielt. Die Blattoberseite des
Bärlauchs ist dunkler grün als die Blattunterseite. Sie
werden von weißen Blütensternchen überragt.
Vorkommen/Standort Bärlauch bedeckt große Flächen
in krautreichen Laub- und Auenwäldern auf nährstoffreichen, humosen Böden.
Wissenswertes Wenn die Blätter gelb werden, riecht der
ganze Wald intensiv nach Knoblauch. Die Blätter sind in
der Frühlingsküche sehr beliebt z. B. frisch auf Butterbrot,
in Salaten, Pfannkuchen, Suppe und Pesto.

Tipp für unterwegs

Der Märzenbecher
ist geschützt. Seine
Blüten verströmen
einen veilchenar-
tigen Duft.

Frühlings-Knotenblume, Märzenbecher
Leucojum vernum   FEB–APR

Merkmale 10-30 cm große Staude. Der Stängel entspringt einer Zwiebel und trägt nur eine weiße Blüte mit
gelbgrünem Spitzenfleck. Die Früchte sind rundlich.
Vorkommen/Standort Märzenbecher sind zwar selten,
kommen aber immer in größeren Gruppen in Auen- und
Schluchtwäldern, feuchten Laubmischwäldern sowie auf
Feuchtwiesen vor. Die Böden sind sickerfeucht, nährstoffreich, humos und tiefgründig.
Wissenswertes Der Name Knotenblume weist auf den
Fruchtknoten unterhalb der Blütenblätter hin. Nördlich
von Hannover ist die Art nicht einheimisch sondern nur
verwildert.

Tipp für unterwegs

Der wohlriechende Veilchenduft lockt Nachtfalter und Bienen an, daher der Name Mondviole.

Frucht (Schötchen)

Ausdauerndes Silberblatt, Mondviole
Lunaria rediviva MAI–JUL

Merkmale 30–140 cm hohe Staude mit hellvioletten Blüten. Die herzförmigen Blätter sind am Rand ungleichmäßig gesägt. Die silberne Scheidewand der Schötchen genannten Früchte bleibt im Winter an der Pflanze hängen.
Vorkommen/Standort Das Ausdauernde Silberblatt wächst in schattigen, luftfeuchten und schuttreichen Schlucht- und Bergwäldern auf sickerfrischen, nährstoff- und basenreichen Böden.
Wissenswertes Die Mondviole ist geschützt und wird bisweilen als Duftpflanze in Gärten gepflanzt. Das einjährige Silberblatt (*Lunaria annua*) mit runden Früchten ist hier wesentlich häufiger.

Tipp für unterwegs

Das Kleine Immergrün kann auf ehemalige mittelalterliche Burgen und Siedlungen mitten im Wald hinweisen.

Kleines Immergrün
Vinca minor APR–JUN

Merkmale 10–20 cm hohe, Ausläufer bildende Staude oder Zwergstrauch mit ledrigen, immergrünen Blättchen. Die Zipfel der violetten Blütenblätter sind asymmetrisch gedreht.
Vorkommen/Standort Das Kleine Immergrün kommt in frischen, nährstoff- und basenreichen Laubmischwäldern und Gebüschen meist in größeren Gruppen vor.
Wissenswertes Das Kleine Immergrün ist giftig. Es enthält das blutdrucksenkende Alkaloid Vincamin und wirkt sedierend. Bei den Kelten galt das im Volksmund Totenviole genannte Immergrün als magische Pflanze und Symbol für ewige Liebe und glückliche Erinnerung.

Tipp für unterwegs

Die Blüten besitzen eine lange, enge Blütenröhre. Sie werden von langrüssligen Bienen bestäubt, die man hier beobachten kann.

Blauroter Steinsame
Lithospermum purpurocaeruleum APR–JUN

Merkmale 30–60 cm große Staude mit rau behaarten Blättern und Stängeln. Beim Aufblühen sind die Blüten zuerst purpurrot und färben sich dann tiefblau. Die Früchte sind glänzend weiß und steinhart.
Vorkommen/Standort Der Blaurote Steinsame ist ziemlich selten. In größeren Gruppen wächst er in warmen, lichten Wäldern, Gebüschrändern und Säumen auf nährstoffreichen, meist kalkhaltigen Böden.
Wissenswertes Der Farbwechsel in der Blüte ist durch die Abnahme des Säuregehaltes im Zellsaft bedingt. In der Antike wurde der Blaurote Steinsame als Heilpflanze ähnlich wie Lungenkraut und Beinwell eingesetzt.

Tipp für unterwegs

Die fünf gelben Schlundschuppen in der Mitte der Blüte zeigen bestäubenden Insekten den Weg.

Ganze Blume

Wald-Vergissmeinnicht
Myosotis sylvatica MAI–JUL

Merkmale 15–45 cm große, kurzlebige Staude mit hellblauen Blüten. Stängel und Blätter sind rau behaart.
Vorkommen/Standort An Wald- und Wegrändern, in Waldschlägen und Gebüschen ist das Wald-Vergissmeinnicht auf frischen und oft kalkarmen Böden zu finden. Es zeigt Nährstoffreichtum an.
Wissenswertes Als Liebesorakel pflanzt man in der Walpurgisnacht zwei Vergissmeinnicht auf einen Stein. Wachsen sie aufeinander zu, bedeutet dies Treue oder eine baldige Hochzeit. Das Vergissmeinnicht soll die einzige Pflanze sein, deren Name in allen Sprachen der Welt die gleiche Bedeutung hat. Die hakig abstehenden Haare am Kelch heften sich an vorbeistreifende Tiere, die auf diese Weise zur Verbreitung der Samen beitragen.

Tipp für unterwegs

Die Flecken auf den Grundblättern der Rosette, die im Folgejahr Blüten bildet, sind erst im Sommer voll ausgebildet.

Blatt mit weißen Flecken

Echtes Lungenkraut, Geflecktes Lungenkraut
Pulmonaria officinalis MÄR–MAI

Merkmale 10–30 cm hohe Staude. Die derben Grundblätter sind rau behaart und haben scharf abgegrenzte weiße Flecken auf der Blattoberseite. Die Blüten sind rot bis blauviolett.
Vorkommen/Standort Das Lungenkraut ist eine Halbschattenpflanze und kommt in krautreichen Laubmischwäldern sowie an Wald- und Gebüschsäumen auf frischen nährstoff- und basenreichen Lehmböden vor.
Wissenswertes In der Signaturlehre verwendete man das Lungenkraut als Heilpflanze bei Lungenkrankheiten, da die Blattflecken ähnlich aussehen wie Lungengewebe. Es hat eine hemmende Wirkung bei Hustenreiz und Entzündungen. Die Blätter des Dunklen Lungenkrauts (*Pulmonaria obscura*) sind ungefleckt.

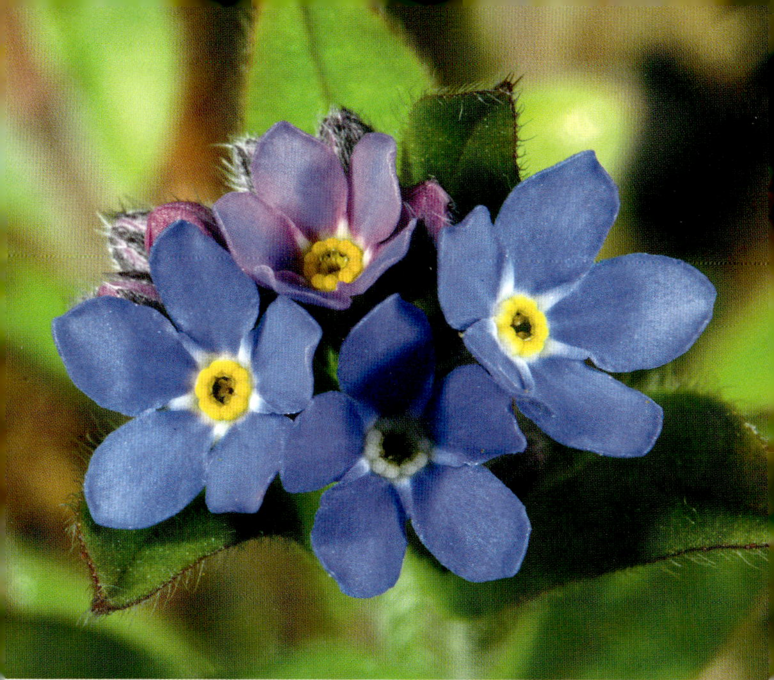

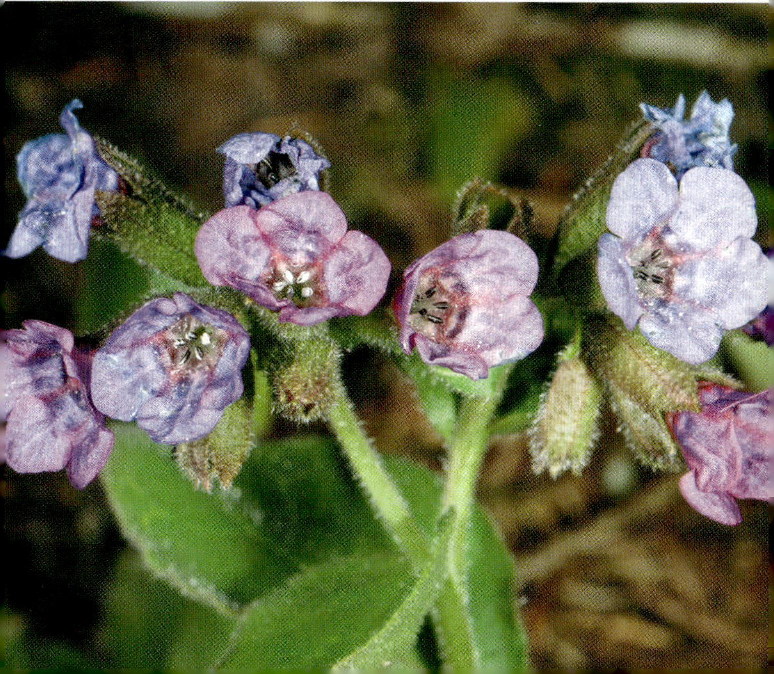

Nesselblättrige Glockenblume
Campanula trachelium   JUL–AUG

Tipp für unterwegs

Aus jungen Blättern und Blüten kann man Salate zubereiten. Auch die Wurzeln kochte man früher als Gemüse.

Merkmale 60-100 cm hohe Staude mit brennnesselähnlichen Blättern. Stängel und Blätter sind steifhaarig. Die blauvioletten Blütenglocken sind innen und außen bewimpert.

Vorkommen/Standort Die Nesselblättrige Glockenblume wächst in Mischwäldern und Waldverlichtungen, an Waldrändern und in Hecken. Sie zeigt sickerfrische, nährstoff- und basenreiche Lehmböden an.

Wissenswertes Eine Verwendung als Heilmittel bei Halskrankheiten konnte nicht nachgewiesen werden. Vielleicht kommt der Name auch von griech. trachys: rau, uneben und bezieht sich auf die raue Behaarung der Pflanze.

Leberblümchen
Hepatica nobilis   MÄR–APR

Tipp für unterwegs

Alle Pflanzenteile sind giftig. Das Leberblümchen ist geschützt.

Merkmale 5-15 cm hohe Staude mit blauen Blüten. Die Stiele der Blüten und Blätter sind behaart. Die dreilappigen Blätter entspringen alle dicht am Boden und bilden eine Rosette. Die Blattoberseite glänzt ledrig, die Unterseite ist oft rotbraun und bisweilen behaart.

Vorkommen/Standort In krautreichen Buchen und Eichenmischwäldern ist das Leberblümchen auf frischen bis mäßig trockenen, humosen Lehmböden zu finden. Das Leberblümchen zeigt Kalk an.

Wissenswertes Die Form der Blätter erinnert an eine Leber. Deshalb galt das Leberblümchen in der Signaturlehre als Heilpflanze und wird auch heute noch bei Leber- und Gallenleiden eingesetzt.

Blatt

Tipp für unterwegs

Der Zweiblättrige Blaustern ist geschützt und giftig und kann Herzrhythmusstörungen, Übelkeit, Brennen im Mund und starken Hustenreiz auslösen.

Zweiblättriger Blaustern
Scilla bifolia   MÄR–APR

Merkmale 5–20 cm hohe Staude. Die sternchenförmigen Blüten sind blau und haben weinrote Staubbeutel. Ihre Blütenknospen sind graublau gefärbt. Aus der unterirdischen Zwiebel treiben meist zwei Blätter.

Vorkommen/Standort Der Zweiblättrige Blaustern ist zwar eine seltene Art. Er kommt aber in krautreichen Mischwäldern und Auenwäldern immer in großen Gruppen vor.

Wissenswertes Mit der Samenreife welken die Stängel und bleiben am Boden liegen. Der weiße Ölkörper (Elaiosom), der Samen des Zweiblättrigen Blausterns, ist ein Leckerbissen für Ameisen. Sie tragen die Samen in ihren Bau und helfen so bei der Verbreitung der Samen.

Tipp für unterwegs

Veilchen-Blüten sind essbar und sehr dekorativ zum Beispiel in Wildkräutersalaten.

Wald-Veilchen
Viola reichenbachiana   MÄR–MAI

Merkmale 10–25 cm große Staude. Die rötlichvioletten Blüten haben auf der Rückseite einen ebenfalls violetten Sporn. Die Blätter sind herzförmig.

Vorkommen/Standort Das Wald-Veilchen besiedelt frische, nährstoffreiche und humose Lehmböden in krautreichen Mischwäldern.

Wissenswertes Die Blüten werden nicht von Insekten bestäubt. Im Sommer entwickeln sich geschlossene Blüten, die sich selbst bestäuben. Das Hain-Veilchen (*Viola riviniana*) unterscheidet sich vom Wald-Veilchen durch den weißen Blütensporn. Die Blüten der beiden Arten duften nicht. Der typische Veilchenduft ist charakteristisch für das März-Veilchen (*Viola odorata*).

Tipp für unterwegs

Den orangegelben, giftigen Milchsaft des Schöllkrauts bitte nicht anfassen, er ist ätzend. In der Volksmedizin wurde er zum Ätzen von Warzen verwendet.

gelber Milchsaft

Schöllkraut
Chelidonium majus   APR–OKT

Merkmale 30-70 cm große Staude mit vier gelben Blütenblättern. Die Blattunterseite ist blaugrün. Stängel und Blattmittelrippe tragen lange, abstehende Haare. Beim Abbrechen von Pflanzenteilen tritt orangegelber Milchsaft aus.

Vorkommen/Standort Das Schöllkraut zeigt Stickstoff an, kommt an Wald- und Heckensäumen, in Unkrautfluren sowie an Mauern und Zäunen vor. Auch in verwilderten Parkanlagen oder Robinienforsten ist es auf frischen Lehmböden an halbschattigen Standorten zu finden.

Wissenswertes Bei schlechtem Wetter schließen sich die Blüten und neigen sich nach unten. Die Blüten werden von Insekten bestäubt. Ameisen verbreiten die Samen. Das Schöllkraut ist mit dem Schlafmohn verwandt. Beide gehören zur Familie der Mohngewächse. Die im Schöllkraut enthaltenen Alkaloide werden zur Behandlung von Leber- und Gallenerkrankungen eingesetzt. Alchimisten versuchten aus der Wurzel des Schöllkrauts Gold herzustellen.

Tipp für unterwegs

Die Blüten duften nach Honig. Das echte Labkraut (*Galium verum*) blüht ebenfalls gelb, hat aber nadelförmige Blätter.

Gewimpertes Kreuzlabkraut
Cruciata laevipes   APR–JUN

Merkmale 15-50 cm hohe Staude. Stängel und Blätter sind mit steifen Haaren besetzt. Die gelben, vierzipfligen Blüten befinden sich in den Blattachseln. Oft erscheinen die Blätter wie die Blüten etwas gelbgrün. Die Blätter haben drei Blattnerven und stehen zu viert in Quirlen am Stängel.

Vorkommen/Standort Das Gewimperte Kreuzlabkraut wächst in Auenwäldern, an Waldsäumen und Gebüschen sowie an Zäunen und Gräben auf frischen bis feuchten, nährstoff- und basenreichen Böden. Es bevorzugt etwas wärmere Standorte.

Wissenswertes Heute wird das Gewimperte Kreuzlabkraut kaum noch als Heilpflanze verwendet. Im 9. Jh. empfahl man es gegen Kopfschmerzen. Es galt als sehr gutes Mittel bei inneren wie auch äußeren Verletzungen, und der abgekochte Sud der Blätter wurde in Wein bei Magen-Darm-Beschwerden und als Appetitanreger eingesetzt. Auch bei Knochenbrüchen, Rheuma und Wassersucht sollte die Pflanze helfen.

Hohe Schlüsselblume
Primula elatior   MÄR–MAI

Merkmale 10-30 cm hohe Staude. Die runzligen Blätter bilden am Boden eine Rosette. An der Spitze des blattlosen Stängels hängen mehrere hellgelbe Blüten mit eng anliegendem Blütenkelch.
Vorkommen/Standort Die Hohe Schlüsselblume kommt in krautreichen Mischwäldern, Auenwäldern und Schluchtwäldern auf feuchten und basenreichen Böden vor. Sie zeigt Lehm- und Nährstoffe an. Man kann sie auch auf Bergwiesen finden.
Wissenswertes Schlüsselblumen haben zweierlei Blütentypen, bei denen entweder der Griffel oder die Staubblätter zu sehen sind. Die jeweils nicht sichtbaren Blütenorgane sind in der Blütenröhre verborgen.

2 verschiedene Blütentypen

Echte Nelkenwurz
Geum urbanum   MAI–OKT

Merkmale 30-120 cm hohe Staude. Aus den gelben Blüten entwickeln sich Köpfchen mit hakig gebogenen Früchten. Die Grundblätter sind aus unterschiedlichen Blättchen zusammengesetzt mit dreiteiligem Endblättchen. Die Stängelblätter sind dreiteilig.
Vorkommen/Standort Die Echte Nelkenwurz wächst in krautreichen Wäldern sowie an schattigen Zäunen, Mauern und Ruderalstellen. Sie zeigt nährstoffreiche Böden an.
Wissenswertes Beim Trocknen der geinhaltigen Wurzel entsteht Nelkenöl (Eugenol), das auch in tropischen Gewürznelken enthalten ist. Früher wurde die Echte Nelkenwurz als Gewürz, in Likören und als Mundwasser bei Zahnfleischentzündungen eingesetzt.

Früchtchenkopf

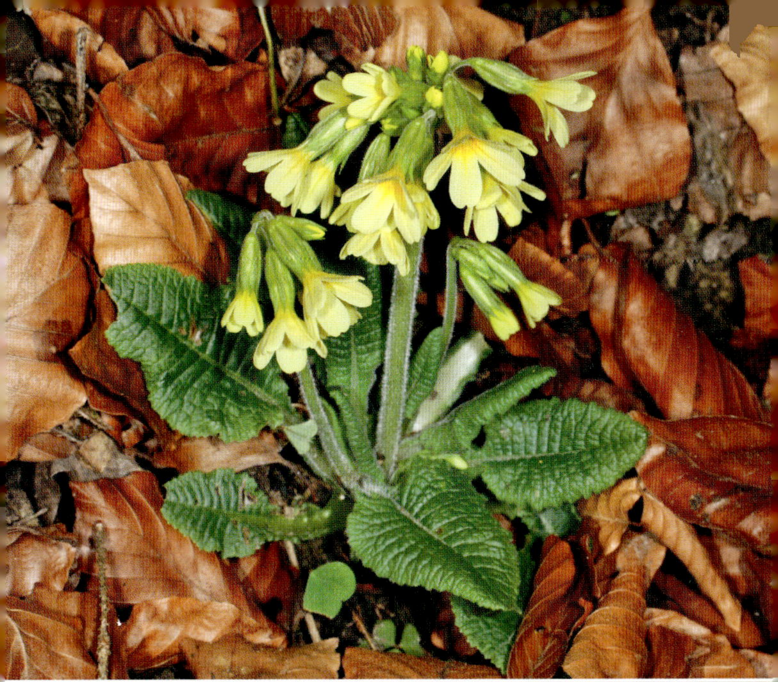

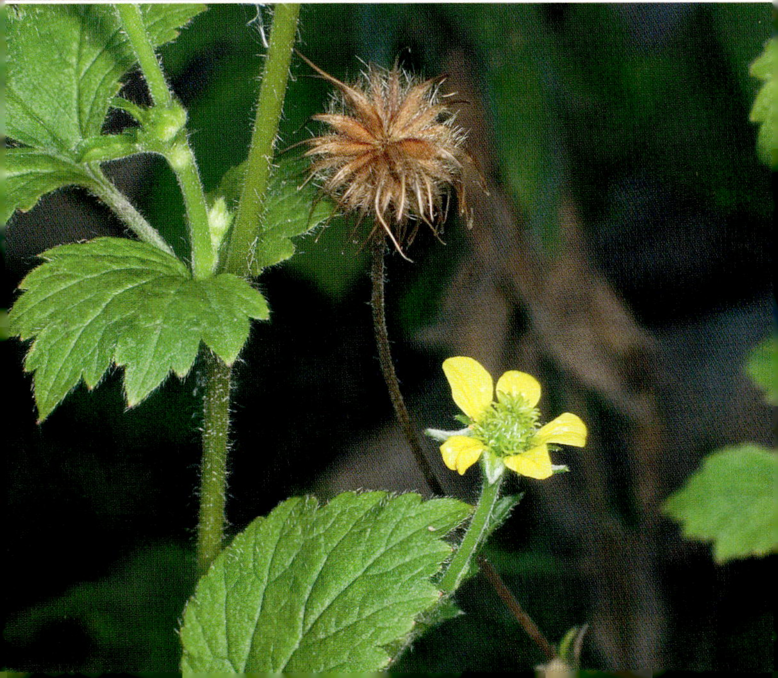

Tipp für unterwegs

Scharbockskraut ist nur vor der Blütezeit und nur eingeschränkt zum Verzehr geeignet.

Scharbockskraut
Ranunculus ficaria   MÄR–MAI

Merkmale 5-20 cm hohe Staude. Die sternförmigen Blüten haben gelbe Nektarblätter. Die rundlichen Blätter glänzen auf der Oberseite. Die Stängel liegen am Boden und richten sich zur Blütezeit auf.
Vorkommen/Standort In Auenwäldern und Mischwäldern sowie in Obstwiesen, Hecken und Parkanlagen bildet das Scharbockskraut meist flächendeckende Bestände auf frischen bis feuchten, basenreichen Lehmböden; Nährstoffzeiger.
Wissenswertes Die Vermehrung erfolgt hauptsächlich durch Wurzel- und Brutknöllchen, die in den Blattachseln älterer Pflanzen sitzen. Seefahrer hatten einen Vorrat an Vitamin-C-reichen Blättern an Bord, um Skorbut (Scharbock) vorzubeugen.

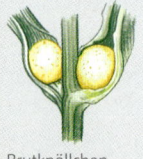

Brutknöllchen

Tipp für unterwegs

Bei schönem Wetter öffnen sich die Blütenkörbchen am Vormittag. Bei trübem Wetter bleiben die Blütenkörbchen geschlossen.

Rainkohl
Lapsana communis   JUL–SEP

Merkmale 30-100 cm hohes, einjähriges Kraut oder Staude. Die blassgelben Blüten erinnern an kleine Löwenzahnblüten. Die ganze Pflanze enthält Milchsaft. Die Früchte tragen keinen weißen Haarkranz.
Vorkommen/Standort Rainkohl wächst im Saum von Hecken und Wäldern. An Straßenrändern, Schuttplätzen und Zäunen sowie in Gärten und auf Äckern ist er ebenfalls anzutreffen. Er benötigt offene Bodenstellen auf frischen Lehmböden im Schatten oder Halbschatten.
Wissenswertes Die langlebigen Samen überdauern lange Zeit im Boden und warten dort auf günstige Keimbedingungen. Junge Blätter kann man roh in Salaten oder z. B. in Rührei als Wildgemüse essen.

Tipp für unterwegs

Das Fuchssche Greiskraut enthält wie alle Greiskräuter leberschädigende Pyrrolizidinalkaloide und ist giftig.

Fuchssches Greiskraut
Senecio ovatus, Senecio fuchsii JUL–AUG

Merkmale 60-150 cm hohe Staude. Der dichte Blütenstand besteht aus gelben, feinstrahligen Blütenkörbchen. Die Blätter sind fein gezähnt. Die Früchte tragen einen weißen Haarkranz.
Vorkommen/Standort Das Fuchssche Greiskraut wächst in krautreichen Mischwäldern, Waldschlägen und Waldlichtungen auf frischen, nährstoff- und humusreichen Böden.
Wissenswertes Im Mittelalter wurde das Fuchssche Greiskraut „Wundkraut" genannt und bei Schleimhautblutungen eingesetzt. Der Name Greiskraut ist dem weißen Haarschopf an den Früchten zu verdanken. Diese Flughaare unterstützen die Windausbreitung der Früchte.

Tipp für unterwegs

Die Samen tragen ein ölhaltiges Anhängsel, das Ameisen besonders gern fressen. Auf diese Weise verschleppen sie die Samen.

Wald-Gelbstern
Gagea lutea APR–MAI

Merkmale 10-30 cm große Staude. Aus der unterirdischen Zwiebel wächst nur ein Grundblatt mit kapuzenförmiger Spitze und der Blütenstängel. Die sternförmigen Blüten sind gelb mit grünlich gestreifter Unterseite.
Vorkommen/Standort Der Wald-Gelbstern ist in Laubmischwäldern und Auenwäldern, Hecken und Waldsäumen sowie angrenzenden Wiesen im Schatten auf sickerfeuchten, nährstoff- und basenreichen Böden zu finden.
Wissenswertes Der Wald-Gelbstern ist schwach giftig durch antibiotisch wirksames Tuliposid. Er enthält jedoch wesentlich geringere Mengen als Tulpen.

Tipp für unterwegs

Die reifen Früchte
des Großblütigen
Springkrauts plat-
zen explosionsartig
auf und schleudern
ihre Samen aus.

Fruchtkapsel
mit eingerollten
Fruchtblättern

Großblütiges Springkraut, Rühr-mich-nicht-an
Impatiens noli-tangere   JUL–AUG

Merkmale 30-100 cm großes einjähriges Kraut. Die hängenden Blüten sind rot punktiert und tragen einen
gekrümmten Sporn. Die Blätter sind am Rand stumpf
gezähnt. Die länglichen Früchte sind saftig grün.
Vorkommen/Standort Das Großblütige Springkraut
wächst in Auen- und Schluchtwäldern in größeren Gruppen. Auch an Waldbächen und Waldrändern kommt es
auf sickernassen, nährstoffreichen Böden vor.
Wissenswertes Die Blätter der schwach giftigen Pflanze
hängen in der Mittagszeit bei Sonne schlaff herab, richten
sich aber später wieder auf (= Mittagsdepression).

Tipp für unterwegs

Die Samen wer-
den ca. 3 m weit
ausgeschleudert.
Die Hauptausbrei-
tung erfolgt durch
den Menschen.

Kleinblütiges Springkraut
Impatiens parviflora   JUL–SEP

Merkmale 30-60 cm hohe Staude. Die hellgelben Blüten-
trichter tragen einen geraden Sporn. Der Schlund ist mit
roten Linien gemustert. Der Blattrand ist spitz gezähnt. Die
Früchte sind keulenförmig.
Vorkommen/Standort Das Kleinblütige Springkraut breitet
sich in Laubmischwäldern und Forsten, an Waldwegen,
Hecken und Parks auf luftfeuchten, frischen und nährstoff-
reichen, meist kalkarmen Standorten aus.
Wissenswertes Das Kleinblütige Springkraut ist ein Neophyt
(= Neubürger) aus dem östlichen Sibirien und der Mongolei.
Im 19. Jh. wurde es in botanischen Gärten gepflanzt und ver-
wilderte von dort aus. Die Pflanze ist schwach giftig.

Tipp für unterwegs

Pflückt man die
gelben Blüten,
kann man den
süßen Nektar aus
der engen Blüten-
röhre lutschen.

Goldnessel
Lamium galeobdolon   MAI–JUL

Merkmale 15-40 cm große Staude mit oberirdischen
Ausläufern. Die Blätter sind brennnesselartig gezähnt,
jedoch ohne Brennhaare. Die gelben Blüten stehen in
Quirlen am vierkantigen Stängel. Sie haben ein braun-
rotes Fleckenmuster auf der Unterlippe.
Vorkommen/Standort Die Goldnessel kommt in Mischwäldern, Auenwäldern und Gebüschen auf frischen,
nährstoff- und basenreichen Lehmböden vor.
Wissenswertes Die Silberblättrige Goldnessel (*Lamium
argentatum*) hat weiß panaschierte Blätter. Die Zierpflanze verwildert aus im Wald entsorgten Gartenabfällen.

Wald-Schachtelhalm
Equisetum sylvaticum   APR–MAI

Tipp für unterwegs

Der Wald-Schachtelhalm ist giftig. Die ährentragenden Sprosse sind zuerst bräunlich-weiß, ergrünen jedoch später und verzweigen sich.

Merkmale 15-50 cm hohe Staude mit unterirdischen Ausläufern. Die grünen Sprosse sind fein gerippt. Dünnere, verzweigte Sprosse stehen in stockwerkartigen Ebenen übereinander. Laubblätter oder Blüten sind nicht vorhanden.

Vorkommen/Standort Der Wald-Schachtelhalm ist in moorigen Fichtenwäldern, Erlenauenwäldern und Sumpfwiesen zu finden. Die Böden sind sickernass, kalkarm und mäßig sauer.

Wissenswertes Schachtelhalme gehören zu den Sporenpflanzen. Die staubfeinen Sporen reifen in den Ähren der fruchtbaren, bräunlichweißen Sprosse heran und werden vom Wind verbreitet. Im Zeitalter des Karbon wuchsen auf unserer Erde unter subtropischen Bedingungen 20 m hohe Riesenschachtelhalme. Schuppen- und Siegelbäume, mit den Farnen verwandte Bärlappe, erreichten sogar Höhen von bis zu 40 m. Fossile Überreste dieser Sumpfwälder sind heute als Steinkohle erhalten.

Adlerfarn
Pteridium aquilinum   JUL–SEP

Tipp für unterwegs

Im Stängelquerschnitt (Taschenmesser) ist eine adlerähnliche Figur zu sehen. Die magischen Kräfte des Adlerfarns sollen Regen bringen, wenn man seine Wedel im Freien verbrennt.

Merkmale 50-200 cm hohe Staude mit unterirdischen Rhizomen. Beim Austrieb sparrige, aufrechte Rippen der Wedel; ausgebreitete Wedel sind dreieckig und mehrfach verzweigt. Sporen sind unter dem umgerollten Blattrand der sogenannten Fiederblättchen verborgen.

Vorkommen/Standort In Laub- und Kiefernwäldern, -forsten und Waldschlägen mit frischen, sauren Lehm- und Sandböden breitet sich der Adlerfarn mit seinen zum Teil sehr alten Rhizomen flächendeckend aus und dringt auch in vernachlässigte Weiden ein.

Wissenswertes Alle Teile des Adlerfarns sind sehr stark giftig und krebserregend. Junge Blätter enthalten Blausäureglykoside. Ältere Pflanzenteile enthalten u. a. das Enzym Thiaminase, das instabile Glycosid Ptaquilosid und Pteridin, ein Saponin. Weidetiere meiden den Adlerfarn. Vergiftungen lösen bei Nicht-Wiederkäuern Thiamin-Mangel (Vitamin-B1-Mangel) aus. Bei Wiederkäuern kommt es zu schweren Schädigungen des Knochenmarks und Störungen der Blutgerinnung. Im Wald verhindert der Adlerfarn die natürliche Verjüngung der Bäume. Eine Bekämpfung durch Abbrennen fördert seine Ausbreitung.

Tipp für unterwegs

Die Hirschzunge ist eine geschützte Pflanzenart. Sie darf daher nicht gepflückt oder ausgegraben werden.

Blatt

Hirschzunge
Asplenium scolopendrium, Phyllitis scolpendrium   JUL–AUG

Merkmale 15-50 cm große Staude. Die immergrünen, zungenförmigen Blätter entspringen alle aus einem Wurzelstock. Junge Blätter sind frischgrün, ältere ledrig und glänzend. Die Sporenhäufchen sind auf der Blattunterseite in schrägen Streifen angeordnet.
Vorkommen/Standort Die seltene Hirschzunge wächst in Schluchtwäldern, schattigen Felsspalten und Mauern auf sickerfeuchten, meist kalkhaltigen Fels- und Steinböden in luftfeuchtem Klima mit milden Wintern.
Wissenswertes Blätter wurden früher als Wundmittel und gegen Milzerkrankungen eingesetzt. Hildegard von Bingen empfahl einen speziellen Trunk aus Hirschzungenfarn, Wein und Gewürzen gegen Schmerzen in Leber, Lunge und Eingeweiden.

Tipp für unterwegs

Früher glaubte man, Farnsamen bringen Glück und machen sogar unsichtbar. Wer jedoch auf die „Irrwurz" trat, würde sich im Wald verlaufen.

Gewöhnlicher Wurmfarn
Dryopteris filix-mas   JUL–SEP

Merkmale 30-120 cm große Staude. Die Mittelrippe der sommergrünen Farnwedel ist spärlich mit Spreuschuppen besetzt. Ein nierenförmiger Schleier bedeckt die Sporenhäufchen auf der Blattunterseite.
Vorkommen/Standort Der Gewöhnliche Wurmfarn ist in Laub- und Nadelwäldern, subalpinen Hochstaudengebüschen, an Schutthängen und Mauern auf frischen, nährstoffreichen und humosen Böden zu finden.
Wissenswertes Die Wurzel des Wurmfarns war früher ein bekanntes Wurmmittel. Der Wurmfarn ähnelt dem Frauenfarn (*Athyrium filix-femina*), dessen hellgrüne Wedel jedoch feiner gezähnt sind. Man glaubte, sie seien Mann und Frau. Der Botaniker Leonhard Fuchs (1543) nannte sie „Wurmfarn mennle" und „Wurmfarn weible".

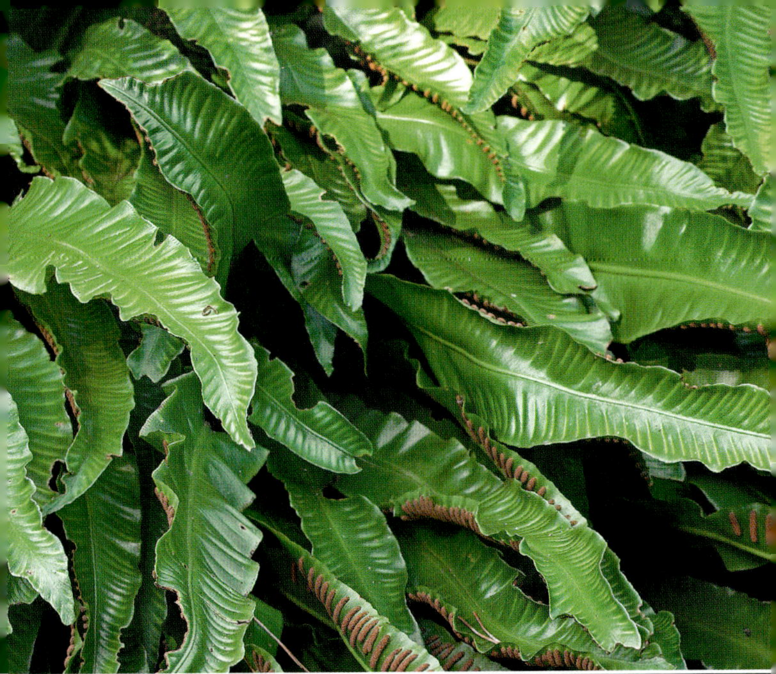

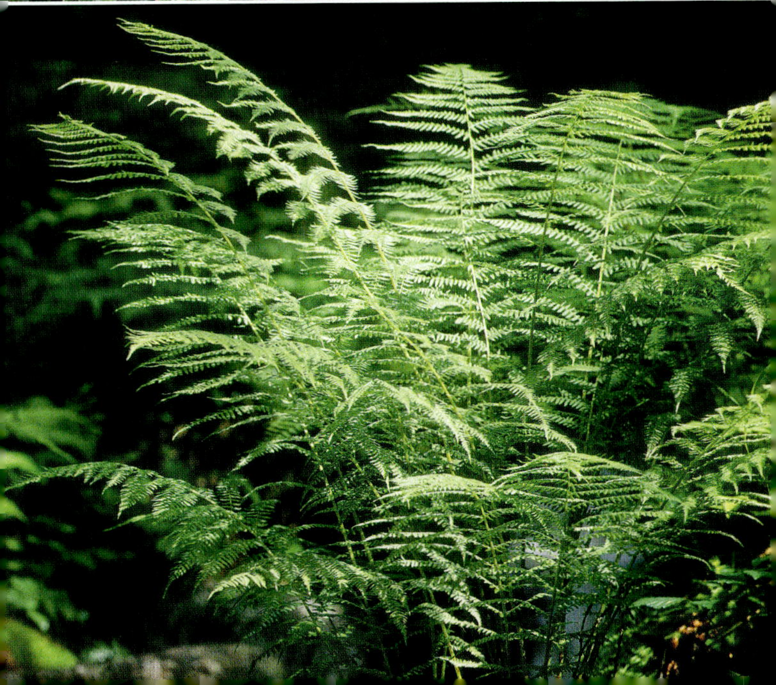

Die Pflanze enthält nach Pfeffer schmeckende ätherische Öle. Danach riechen auch die Blüten der Haselwurz.

Blatt

Haselwurz
Asarum europaeum   MÄR–MAI

Merkmale 5–10 cm große Staude. Die purpurbraunen, dreizipfligen Blüten sind unter glänzend dunkelgrünen Blättern verborgen. Die Form der immergrünen Blätter erinnert an eine Niere. Bis auf die Blattoberseite ist meist die ganze Pflanze behaart.
Vorkommen/Standort Die Haselwurz kommt in krautreichen Laub- und Nadelmischwäldern, Auenwäldern und Gebüschen vor auf sickerfrischen, meist kalkhaltigen Lehmböden.
Wissenswertes Die Haselwurz ahmt den Duft von Pilzen nach und lockt Pilzmücken an, die die Blüten bestäuben. Ameisen verbreiten die mit Ölkörper ausgestatteten Samen. Die Brechreiz auslösende Wurzel ist Bestandteil in Schnupftabak.

Der Milchsaft enthält giftigen Terpenester. Von einer Verwendung als Heilpflanze ist abzuraten.

Scheinblüte mit sichelförmigen Drüsen

Mandel-Wolfsmilch
Euphorbia amygdaloides   APR–MAI

Merkmale 30–60 cm hohe Staude mit Milchsaft. Die grünen Scheinblüten bestehen aus zwei verwachsenen Hochblättern mit vier mondsichelförmigen Nektardrüsen. Die Blattunterseiten sind behaart.
Vorkommen/Standort Die Mandel-Wolfsmilch kommt in krautreichen Laubwäldern, v. a. in Buchenwäldern auf frischen, meist kalkhaltigen Böden vor und zeigt Lehm an.
Wissenswertes Der unter Druck stehende Milchsaft dient als Fraßschutz und schließt selbst kleinste Verletzungen. Bei Luftkontakt gerinnt er. Es gibt auch baumförmige Wolfsmilch-Arten wie den Weihnachtsstern (*Euphorbia pulcherrima*) und sukkulente, kakteenähnliche Arten in Afrika.

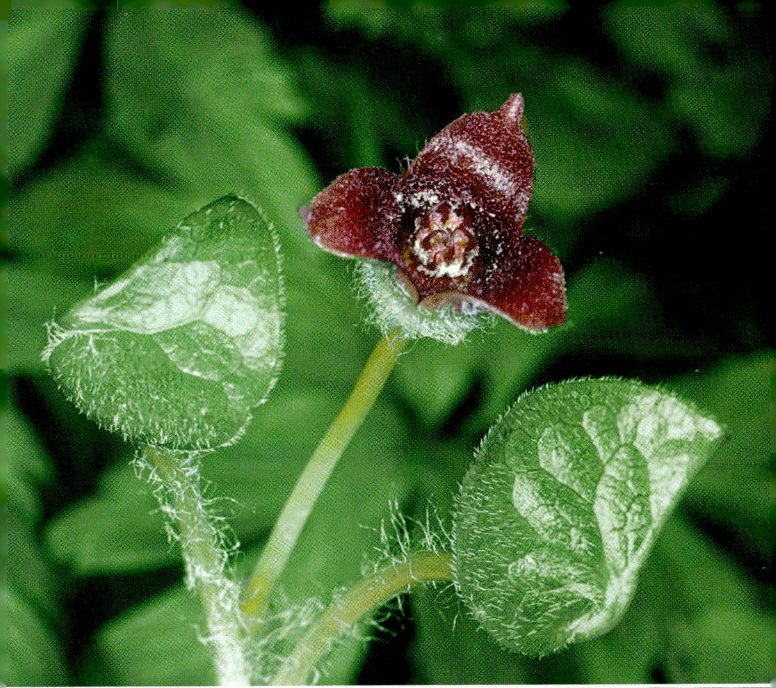

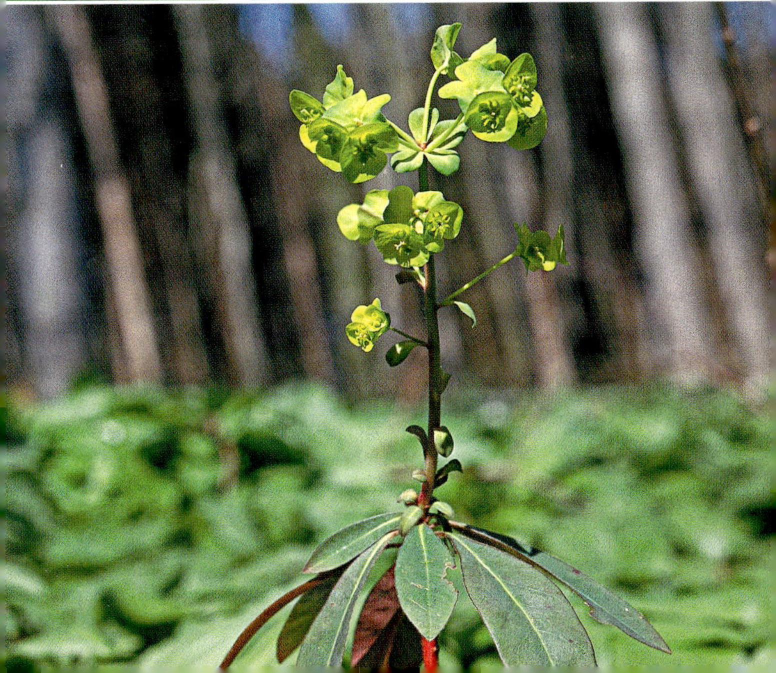

Wald-Bingelkraut
Mercurialis perennis APR–MAI

Tipp für unterwegs

Das Wald-Bingelkraut ist giftig. Obwohl es zur Familie der Wolfsmilchgewächse gehört, besitzt es keinen Milchsaft.

Merkmale 15-30 cm hohe, zweihäusige Staude mit unscheinbaren Blüten: männliche Pflanzen nur mit Staubblättern, weibliche mit auffällig dicken Fruchtknoten. An der Spitze des unverzweigten Stängels wachsen stumpf gezähnte Blätter.

Vorkommen/Standort Das Wald-Bingelkraut kommt in Buchen- und Nadelwäldern sowie in Auenwäldern vor auf sickerfrischen, nährstoff- und basenreichen, oft steinigen Lehmböden. Durch Ausläufer bildet es größere Gruppen.

Wissenswertes Alchemisten versuchten mit Hilfe der trocken blauschwarz schimmernden Pflanze Quecksilber in Gold zu verwandeln. Sie soll auch Bestandteil in der Flugsalbe der Hexen sein. Die heute selten angewendete Heilpflanze enthält Saponine und Amine.

weibliche Blüte

Gefleckter Aronstab
Arum maculatum APR–MAI

Tipp für unterwegs

Achtung, die Pflanze ist geschützt und giftig, daher nicht sammeln!

Merkmale 15-40 cm hohe Staude mit pfeilförmigen, oft gefleckten Blättern. Männliche und weibliche Blüten sind in Ringen angeordnet und von einem spitzen, weißen Hüllblatt umwickelt. Der Fruchtstand trägt leuchtend rote Beeren.

Vorkommen/Standort Der Gefleckte Aronstab wächst in Laubmischwäldern, Auenwäldern und Hecken auf frischen, nährstoffreichen und humosen Lehmböden. Auch in älteren Parkanlagen und Gärten ist er zu finden.

Wissenswertes Abends öffnet sich das Hüllblatt. Der um bis zu 15 Grad erwärmte Blütenkolben verströmt einen harnartigen Geruch. Angelockte Schmetterlingsmücken rutschen in den Fallentrichter, bestäuben die weiblichen Blüten am Grund und werden mit Pollen eingepudert.

Blüte und Blatt

Tipp für unterwegs

Die Blätter der
Stinkenden
Nieswurz riechen
unangenehm.
Die Pflanze ist
geschützt und
stark giftig.

Stinkende Nieswurz
Helleborus foetidus   MÄR–MAI

Merkmale 30–80 cm hohe Staude. Die hängenden Blü-
ten sind glockenförmig mit rötlichem Rand. Die fingerför-
migen Blätter bleiben auch im Winter grün.
Vorkommen/Standort Die Stinkende Nieswurz ist in
Eichen- und Buchenwäldern, Waldsäumen und Gebüschen zu finden auf mäßig trockenen, kalkhaltigen und
steinigen Böden.
Wissenswertes Hefepilze bauen im Nektar der Stinkenden Nieswurz enthaltenen Zucker ab. Dabei entsteht
Wärme. Diese „beheizten" Blüten sind für bestäubende
Hummeln besonders attraktiv. Ameisen tragen die
Samen in ihren Bau, fressen den nahrhaften Ölkörper
und bringen die Samen wieder weg.

Tipp für unterwegs

In der Blütezeit
strömt der Efeu
einen starken
Geruch aus und
lockt unzählige
Insekten an.

Gewöhnlicher Efeu
Hedera helix   SEP–NOV

Merkmale 5–2000 cm hohe, verholzende Kriech- und
Kletterpflanze (Liane). Die ledrigen Blätter junger Pflanzen sind drei- bis fünfeckig gelappt; ältere Blätter sind
oval zugespitzt. Aus den grünlichgelben Blüten entwickeln sich schwarze Beeren.
Vorkommen/Standort Efeu wächst in Eichen-, Buchen-
und Auenwäldern, an Felsen, Mauern und in Parkanlagen
auf frischen, nährstoffreichen Lehmböden.
Wissenswertes Efeu ist giftig und wird als Fertigpräparat
bei Husten eingesetzt. Junge Triebe klettern mit Hilfe
ihrer Haftwurzeln. Erst im Alter von 20 Jahren kommen
sie zur Blüte. Im Herbst ist Efeu für Insekten eine wichtige
Futterquelle. Treiben zwei in der Andreasnacht (am 29.11.)
in eine Wasserschale geworfene Blätter bis zum Morgen
aufeinander zu, soll es im selben Jahr eine Hochzeit
geben.

Blüte

Tipp für unterwegs

Sehr stark giftig! Bereits drei bis fünf Beeren bzw. 0,3 g Blätter führen bei Kindern zum Tod durch Atemlähmung!

Blüte und unreife Frucht

Tollkirsche
Atropa belladonna JUN–AUG

Merkmale 50-150 cm hohe, ästig verzweigte Staude. In den Blattachseln der fein behaarten Blätter befinden sich violettbraune Blütenglocken. Die grünen Beeren färben sich glänzend schwarz und sind von je fünf Kelchblättern umgeben.

Vorkommen/Standort Die Tollkirsche kommt in Waldschlägen und -lichtungen vor auf frischen, nährstoff- und basenreichen Böden.

Wissenswertes Das Alkaloid Atropin, besteht aus sehr stark giftigem (S)-Hyoscyamin und ungiftigem (R)-Hyoscyamin. Schon die Römer kannten seine pupillenerweiternde Wirkung, die Frauen zu kosmetischen Zwecken verwendeten. Der Gattungsname bezieht sich auf die griechische Schicksalsgöttin Atropa, die den Lebensfaden durchschneidet. Die Tollkirsche soll Bestandteil der Flugsalbe der Hexen sein.

Tipp für unterwegs

Die Einbeere ist eine auffällige Pflanze. Vorsicht: Nicht mit anderen Beeren verwechseln. Sie ist giftig.

Frucht

Einbeere
Paris quadrifolia MAI–JUN

Merkmale 10-30 cm hohe Staude. An der Spitze des Stängels steht eine einzige Blüte mit schmalen, gelbgrünen Blütenblättern. Darunter bilden die vier Blätter einen sogenannten Quirl. Die Frucht ist eine schwarzblaue Beere.

Vorkommen/Standort Die Einbeere wächst in Laub- und Nadelmischwäldern, auch in Auenwäldern auf feuchten, nährstoff- und basenreichen Lehmböden. Sie zeigt Grund- oder Sickerwasser an.

Wissenswertes In der Volksmedizin galt die Einbeere als Heilpflanze. Frisch ausgepressten Pflanzensaft verwendete man zur Desinfektion von Gegenständen Pestkranker, daher der Name „Pestbeere". Der schwarze, glänzende Fruchtknoten täuscht Nektarabsonderungen vor und lockt damit Fliegen zur Bestäubung an.

Tipp für unterwegs

Durch Nektar angelockte Wespen bekommen von oben die Pollenpakete angeheftet und streifen sie an der nächsten Blüte ab.

Breitblättrige Stendelwurz
Epipactis helleborine JUN–AUG

Merkmale 15-100 cm große Staude. Die grünlichen Blüten sind rosapurpurn überlaufen. Der braun glänzende Fleck in der Lippe enthält den Nektar. Die breiten Blätter sind spiralig um den Stängel angeordnet.

Vorkommen/Standort Die Breitblättrige Stendelwurz gedeiht in Laubwäldern, aber auch an Straßenrändern und Böschungen auf frischen, nährstoff- und basenreichen Lehmböden.

Wissenswertes Vermutlich aufgrund ihrer geringen Ansprüche gegenüber dem Kalkgehalt des Bodens und der Lichtverhältnisse und ihrer für Orchideen hohen Stickstoffverträglichkeit ist sie in Deutschland nicht gefährdet und breitet sich sogar weiter aus. Die Breitblättrige Stendelwurz ist geschützt.

Tipp für unterwegs

Der Wurzelstock ähnelt einem Vogelnest. Achtung: Alle Orchideen sind geschützt!

Vogel-Nestwurz
Neottia nidus-avis MAI–JUN

Merkmale 25-50 cm hohe Staude. Die ganze Pflanze ist hellbraun. An der Spitze des dicken Stängels wachsen dicht gedrängt spornlose, hellbraune Blüten, die nach Honig duften. Die Blätter sind zu Schuppen reduziert.

Vorkommen/Standort Die Vogel-Nestwurz kommt in schattigen Laub- und Kiefernwäldern auf frischen, nährstoff- und basenreichen, kalkhaltigen Böden vor.

Wissenswertes Da die Vogel-Nestwurz kein Chlorophyll (Blattgrün) besitzt, ist sie nicht zur Photosynthese befähigt. Sie ernährt sich als Vollschmarotzer von Wurzelpilzen. Vermehrung durch Wurzelknospen und unterirdische Bestäubung sind möglich. Leere Samenstände bleiben als dunkelbraune Stängel mehrere Jahre erhalten.

Wurzelstock

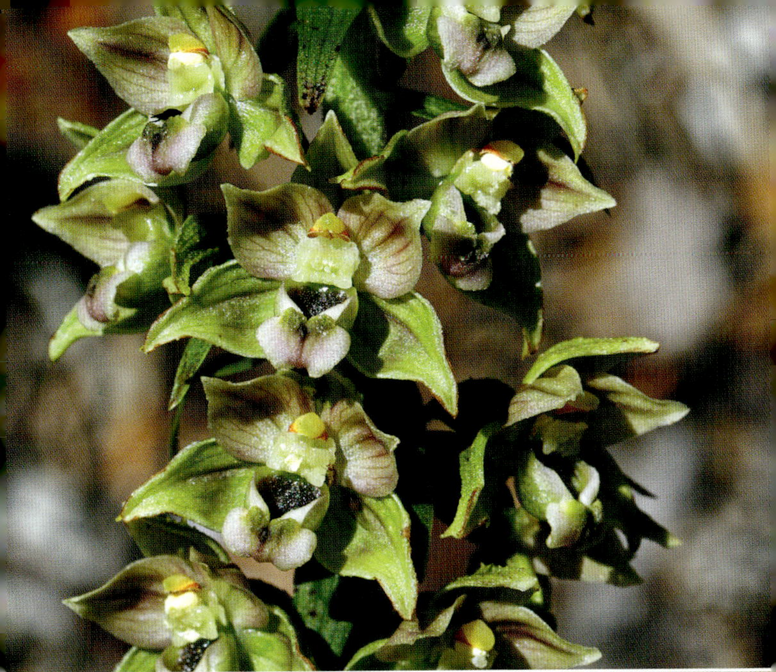
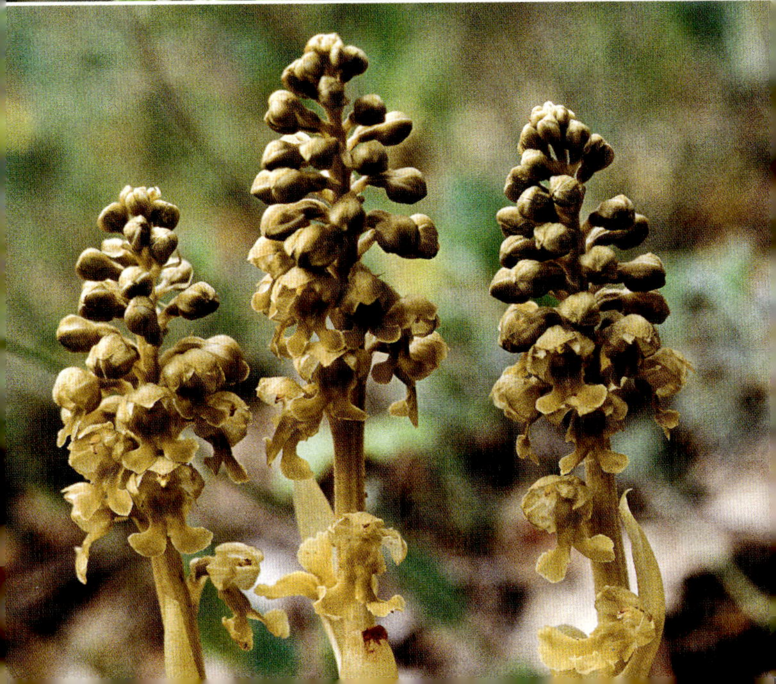

Auf der Wiese

Wiese ist nicht gleich Wiese ist. Auf trocken-warmen Standorten sind durch Beweidung Halbtrockenrasen entstanden. Magere Wiesen sind reich an bunten Blumen, wie Salbei und Margerite. Weiße Doldenblütler, gelber Hahnenfuß und Löwenzahn dominieren auf stärker gedüngten Wirtschaftswiesen. Koldisteln sind charakteristisch für gedüngte Feuchtwiesen.

Der Große Moorbläuling legt seine Eier an die Köpfchen. Die Raupen ernähren sich von den Blüten.

Blüte mit
4 Kelchblättern

Großer Wiesenknopf
Sanguisorba officinalis JUN–SEP

Merkmale 30-150 cm hohe Staude. Die eiförmigen Blütenköpfchen bestehen aus vielen rotbraunen Einzelblüten. Die Blätter sind aus lang gestielten Blättchen zusammengesetzt mit blaugrüner Unterseite und gezähntem Rand. Die Einzelblüten besitzen keine Blütenblätter. Die Schauwirkung entsteht durch die vier rotbraun gefärbten Kelchzipfel.
Vorkommen/Standort Der Große Wiesenknopf wächst auf wechselfeuchten bis nassen Wiesen, auch auf Torfböden.
Wissenswertes In der Pflanzenheilkunde gilt der Große Wiesenknopf als blutstillend.

Die Kartäuser-Nelke ist vielen bedrohten Schmetterlingsarten eine wichtige Nektar- und Futterpflanze.

Kartäuser-Nelke
Dianthus carthusianorum JUN–SEP

Merkmale 15-45 cm große Staude. Die purpurroten, fein gezähnten Blüten stehen in Büscheln an der Stängelspitze. Die schmalen, spitzigen Blätter stehen sich immer gegenüber.
Vorkommen/Standort Die Kartäuser-Nelke kommt in Kalk-Magerrasen, aber auch an sonnigen Hängen, Böschungen und Waldrändern vor auf warmen, trockenen und meist kalkreichen Böden.
Wissenswertes Der Name leitet sich von den Mönchen des Kartäuser-Ordens ab, die seit dem 16. Jahrhundert diese Pflanze in ihren Klostergärten anpflanzten. Den saponinhaltigen Pflanzensaft trugen sie als Mittel gegen Rheuma und Muskelschmerzen auf.

Tipp für unterwegs

Die Weiße Licht-
nelke sieht zum
Verwechseln
ähnlich aus. Ihre
duftenden Blüten
entfalten sich
jedoch erst am
Abend.

Rote Lichtnelke
Silene dioica APR–SEP

Merkmale 30-90 cm hohe Staude. Die roten Blütenblätter sind in der Mitte tief gespalten. Kelch, Stängel und die
einander gegenüber stehenden Blätter sind behaart.
Vorkommen/Standort Die Rote Lichtnelke zeigt Nährstoffe an. Sie ist in feuchten Wiesen und Wäldern anzutreffen auf basenreichen und lockeren Böden.
Wissenswertes Es gibt männliche und weibliche Pflanzen. Botaniker nennen dieses Phänomen „zweihäusig
getrenntgeschlechtig". Die Bestäubung erfolgt durch Falter, Schwebfliegen und Käfer. Ein kleines Loch seitlich am
Kelch verrät, dass eine Hummel den Nektar geraubt hat
ohne die Blüte zu bestäuben. Die Wurzeln enthalten
Saponine und wurden als Seife verwendet.

Tipp für unterwegs

Der Deutsche
Enzian ist streng
geschützt. Nur
langrüsselige
Insekten können
die Blüten bestäu-
ben.

Deutscher Fransenenzian
Gentianella germanica JUN–OKT

Merkmale 5-40 cm hohes, zweijähriges Kraut. Die violetten Blüten sind fünfzipfig mit einem Kranz aus bart-
ähnlichen Fransen. Die Blätter stehen einander gegenüber.
Vorkommen/Standort Der Deutsche Fransenenzian
wächst in extensiv beweideten Halbtrockenrasen und
wechseltrockenen Wiesen auf kalkreichen, humosen und
teils steinigen Böden.
Wissenswertes Kleinflächige Bodenverwundungen, wie
sie durch Tritt der Schafhufe entstehen, bieten dem
Deutschen Fransenenzian geeignete Bedingungen zur
Ausbreitung. Intensive Beweidung, Nährstoffeintrag aus
der Luft und durch Dünger sowie die Verbuschung von
Magerrasen führen zum Rückgang der Bestände.

Die Gespinnste zwischen Blattansatz und Stängel stammen von den Raupen des Distelfalters.

Gewöhnliche Kratzdistel
Cirsium vulgare JUN–SEP

Merkmale 60–150 cm großes, zweijähriges Kraut mit einzeln stehenden Blütenkörbchen und purpurnen Röhrenblüten. Blätter sind auf der Oberseite borstig, unten graufilzig mit kräftigen, gelben Dornen. Die Samen tragen verzweigte Flughaare.
Vorkommen/Standort Die Gewöhnliche Kratzdistel kommt auf Weiden, an Wegen, Ufern, in Waldschlägen, Unkrautbeständen und Schuttplätzen auf nährstoffreichen Lehmböden vor.
Wissenswertes Im ersten Jahr wird eine regelmäßige Blattrosette ausgebildet. Im Folgejahr blüht und fruchtet sie. Beweidung verträgt sie sehr gut, da ihre Dornen sie vor Verbiss schützen.

Von den Hüllblättern, die schuppenartig um den Blütenstand angeordnet sind, sind nur die trockenen Anhängsel sichtbar.

Wiesen-Flockenblume
Centaurea jacea JUN–OKT

Merkmale 15–150 cm hohe Staude mit purpurroten Blütenkörbchen. Die Randblüten sind stark vergrößert. Stängel und Blätter sind manchmal flockig-filzig behaart. Die Früchte tragen keine Flughaare.
Vorkommen/Standort Die Wiesen-Flockenblume wächst auf Wiesen, Weiden und Halbtrockenrasen auf basenreichen, lockeren Lehmböden.
Wissenswertes Aufgrund ihres Gerbstoffgehaltes hat die Wiesen-Flockenblume nur einen geringen Futterwert. Sie erträgt zweimaliges Mähen, wenn die erste Mahd im Juli stattfindet und die ersten Pflanzen verblüht sind. Bei starker Düngung verschwindet die Wiesen-Flockenblume.

Hüllblatt

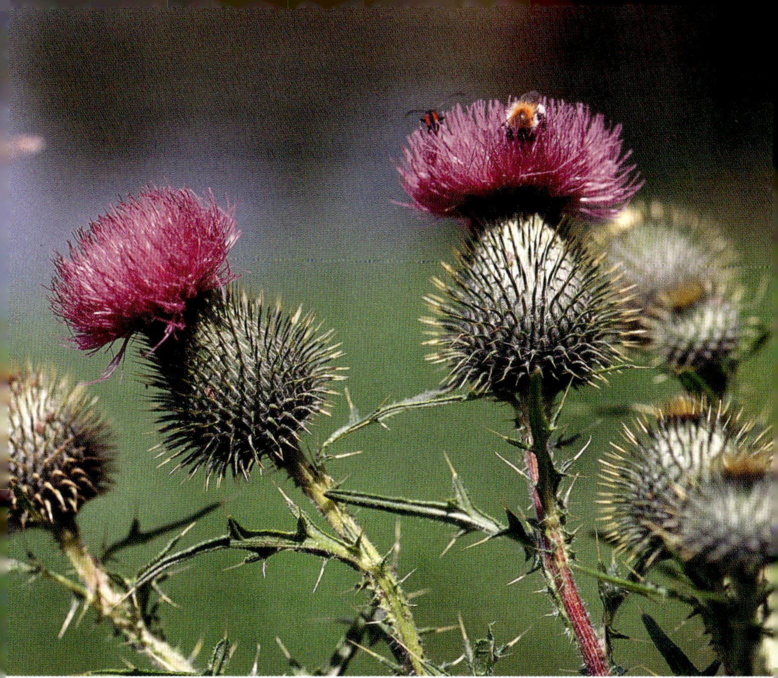

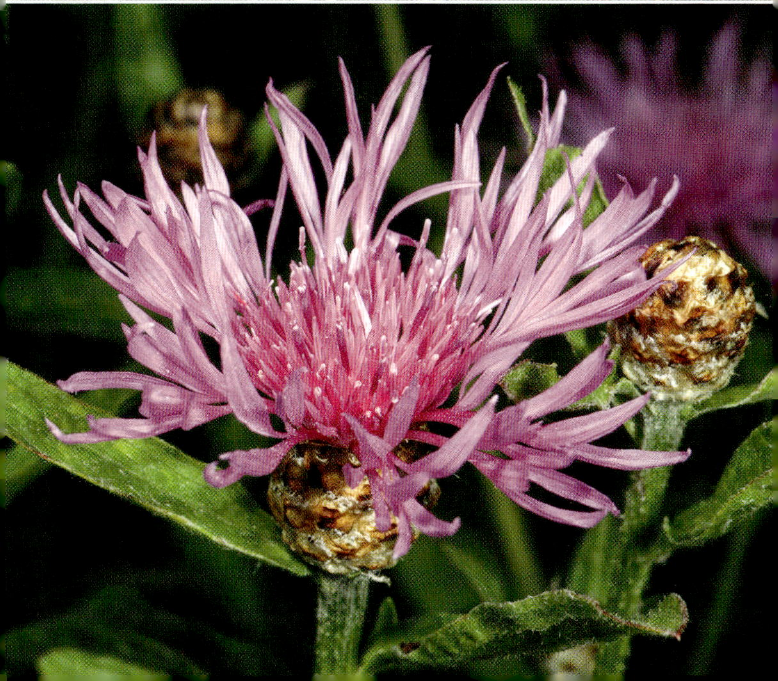

Tipp für unterwegs

Die Herbst-Zeitlose ist sehr stark giftig. Im Frühling kann man sie leicht mit Bärlauch verwechseln!

Herbst-Zeitlose
Colchicum autumnale   AUG–NOV

Merkmale 5-40 cm große Staude. Aus der unterirdischen Knolle wachsen lilarosa Blüten direkt aus dem Boden. Die Fruchtkapseln erscheinen erst im Frühjahr zusammen mit den länglichen Blättern.
Vorkommen/Standort Die Herbst-Zeitlose wächst in wechselfeuchten Wiesen und Auenwäldern auf nährstoffreichen, humosen Böden.
Wissenswertes Colchizin, das Gift der Herbst-Zeitlosen, stoppt die Zellteilung und wird in der Pflanzenzüchtung eingesetzt. Als einige Tropfen des Verjüngung herbeiführenden Zaubertranks der sagenhaften Giftmischerin Medea auf den Boden von Kolchis am Schwarzen Meer tropften, entstand an dieser Stelle die Herbst-Zeitlose.

Fruchtkapseln

Tipp für unterwegs

Bienen öffnen die verwachsenen Blütenblätter des Schiffchens durch eine trampelnde Pumpbewegung.

Kriechende Hauhechel
Ononis repens   JUN–JUL

Merkmale 20-60 cm hohe Staude mit rosa Blüten und dunkleren Streifen. Die Stängel sind meist ringsum drüsigklebrig behaart und verholzen. Die Blätter riechen unangenehm und bestehen aus drei gezähnten Teilblättchen.
Vorkommen/Standort Die Kriechende Hauhechel ist ein Magerkeitszeiger und Weideunkraut. In sonnigen Halbtrockenrasen, Wiesen und Böschungen kommt sie auf wechseltrockenen, basenreichen Lehmböden vor.
Wissenswertes Kreuzungen mit der Dornigen Hauhechel (*Ononis spinosa*), die als Tee bei Harnwegserkrankungen eingesetzt wird, sind recht häufig. Jedoch kann auch die Kriechende Hauhechel Dornen tragen.

Rot-Klee, Wiesen-Klee
Trifolium pratense JUN–SEP

Tipp für unterwegs

Ein vierblättriges Kleeblatt soll Glück bringen. Die Kelten sammelten es als Zutat für einen Zaubertrank.

Merkmale 15-40 cm große Staude, Kulturformen sind zweijährig. Meist sitzen zwei aus vielen roten Einzelblüten zusammengesetzte Blütenköpfchen nebeneinander am Stängel. Die Blattoberseite der Kleeblätter ist oft gefleckt.
Vorkommen/Standort Rot-Klee ist auf frischen Wiesen und Weiden zu finden auf nährstoffreichen Böden.
Wissenswertes Als eiweißreiche Futterpflanze wird Rot-Klee in Klee-Gras-Mischungen angesät. Als Gründüngung verbessert er den Boden für die nachfolgende Kultur, da Bakterien in seinen Wurzelknöllchen Stickstoff aus der Luft fixieren und pflanzenverfügbar machen. Seine Wurzeln reichen bis 2 m tief in den Boden.

Bunte Kronwicke
Securigera varia (Syn.: *Coronilla varia*) JUN–AUG

Tipp für unterwegs

Die Bunte Kronwicke ist stark giftig. Ihre Wirkung ähnelt der des Fingerhuts.

Merkmale 30-60 cm große Staude mit niederliegenden Stängeln. Die rosa bis weißlichen Blüten sind in einer lang gestielten Dolde angeordnet. Sechs bis zwölf Blättchenpaare bilden ein Blatt.
Vorkommen/Standort In Halbtrockenrasen und Gebüschsäumen sowie an Wegrändern, Straßenböschungen und Bahndämmen wächst die Bunte Kronwicke auf basenreichen Böden.
Wissenswertes Das Wurzelsystem der Bunten Kronwicke reicht bis 90 cm tief in den Boden. Sie zählt zu den Rohbodenpionierpflanzen. In Symbiose mit Bakterien der Gattung Rhizobium in ihren Wurzelknöllchen bindet sie Luftstickstoff und düngt damit den Boden.

Futter-Esparsette
Onobrychis viciifolia   MAI–JUL

Merkmale 30-60 cm hohe Staude. Die rosa Blüten des länglichen Blütenstands sind dunkler geadert. Die Blätter sind aus bis zu 14 Blättchenpaaren und einem einzelnen Endblättchen zusammengesetzt. Die Fruchtkante ist mit Stacheln besetzt.

Vorkommen/Standort In sonnigen, gemähten Halbtrockenrasen und an Wegrändern zeigt die Futter-Esparsette Lehm und Kalk an. Die Rohbodenpionierpflanze wird auch an Straßenböschungen angesät.

Wissenswertes Als Trockenfutterpflanze wird sie seit dem 16. Jahrhundert in Frankreich angebaut, verwilderte und ist heute in unserer Flora eingebürgert. Als Bodenverbesserer wurzelt sie 4 m tief und reichert den Boden mit Stickstoff an.

Frucht

Zaun-Wicke
Vicia sepium   MAI–AUG

Merkmale 30-60 cm große, immergrüne Staude. Die Blätter sind aus bis zu acht Paaren eiförmiger Blättchen zusammengesetzt und tragen an der Spitze verzweigte Ranken. In den Blattachseln entspringt ein kurz gestielter Blütenstand mit trüblila Blüten.

Vorkommen/Standort Die Zaun-Wicke ist in Wiesen, an Gebüsch- und Waldsäumen zu finden auf frischen, basenreichen und lockeren Böden. Sie zeigt nährstoffreiche Standorte an.

Wissenswertes Die Zaun-Wicke hat einen hohen Futterwert für das Vieh. Verschiedene Schmetterlingsraupen brauchen die Zaun-Wicke als Futterpflanze. Der stark gefährdete Quendel-Ameisenbläuling ist auf ihren Nektar angewiesen.

Nektargruben

Tipp für unterwegs

Schwach giftiges Aucubin in der Pflanze führt, dass sie getrocknet schwärzlich aussehen.

Acker-Wachtelweizen
Melampyrum arvense   MAI–AUG

Merkmale 15-50 cm hohes, einjähriges Kraut. Der ähren-förmige Blütenstand besteht aus purpurnen Blüten mit gelblich weißer Mitte und fransig gezähnten, purpurnen Hochblättern. Die Samen ähneln Weizenkörnern.

Vorkommen/Standort Der Acker-Wachtelweizen kommt in größeren Gruppen in Halbtrockenrasen, extensiv bewirtschafteten Äckern und Gebüschrändern auf tro-ckenwarmen, kalkreichen und stickstoffarmen Standorten vor.

Wissenswertes Die Saugorgane des Wurzel-Halbparasits dringen in Wurzeln von Getreide und anderen Gräsern ein. Verbesserte Saatgutreinigung und intensive Bewirtschaftung führen zum Rückgang des Acker-Wachtelweizens auf Äckern.

Tipp für unterwegs

Dost passt gut zu Pizza und Pasta. Je sonniger der Wuchsort, desto intensiver das Aroma.

Gewöhnlicher Dost
Origanum vulgare   JUL–SEP

Merkmale 20-60 cm hohe Staude. Die fünfzipfligen rosa Blüten stehen in dichten Blütenständen zusammen. Die derben Stängel sind rötlich überlaufen mit einander gegenüberstehenden Ästen und aromatisch duftenden Blättern.

Vorkommen/Standort Der Gewöhnliche Dost ist in Magerrasen, Gebüschrändern, Böschungen und lichten Kiefern- und Eichenwäldern auf warmen, trockenen und basenreichen Standorten zu finden.

Wissenswertes Oregano, wie die Pflanze auch genannt wird, ist bei Bienen und Schmetterlingen eine beliebte Futterpflanze. In der Volksheilkunde wird sie bei Atemwegserkrankungen und Verdauungsbeschwerden eingesetzt.

Tipp für unterwegs

Thymian findet man auf Ameisenhaufen. Ameisen tragen die Früchte in ihren Bau, fressen sie und verbreiten die Samen.

Arznei-Thymian, Feld-Thymian
Thymus pulegioides   JUN–OKT

Merkmale 5–30 cm hoher Strauch mit aromatischem Duft. Die purpurrosa Blüten stehen meist an den Triebspitzen. Der am Grund verholzte, kriechende Stängel ist vierkantig mit behaarten Kanten. Die immergrünen Blättchen stehen einander gegenüber.
Vorkommen/Standort Der Arznei-Thymian kommt in mageren Rasen und Weiden an Böschungen und auf Felsen auf trockenen Böden vor.
Wissenswertes Die antiseptische Wirkung des Thymians nutzten die Ägypter bei der Mumifizierung ihrer Pharaonen. Bei Atemwegserkrankungen wirkt er krampf- und schleimlösend. Thymian galt bei den Römern und in der Renaissance als Aphrodisiakum.

Tipp für unterwegs

Die Blätter des Stechenden Hohlzahns kann man trocknen. Der Tee daraus hilft gegen Husten.

Stechender Hohlzahn
Galeopsis tetrahit   JUN–OKT

Merkmale 10–80 cm großes, einjähriges Kraut mit rötlich-weißen Blüten. Der borstige Stängel ist unter den Knoten stark verdickt. Die Blattadern enden immer im Tal zwischen den Blattzähnen. Die beiden Zähne der Unterlippe sind von hinten gesehen hohl. Der Namenszusatz „stechend" bezieht sich auf die Borsten an Kelch und Stängel.
Vorkommen/Standort An Wegrändern, Viehlagerplätzen, Äckern, Waldrändern und Lichtungen ist der Stechende Hohlzahn auf frischen, nährstoffreichen Böden zu finden.
Wissenswertes In Streuobstwiesen wächst die brennnesselähnliche Weiße Taubnessel (*Lamium album*) oft gemeinsam mit dem Stechenden Hohlzahn unter den Bäumen.

Einzelblüte

Mücken-Händelwurz
Gymnadenia conopsea   MAI–AUG

Den im Blüten-
sporn enthaltenen
Nektar kann man
im Gegenlicht
sehen. Er ist
hauptsächlich
für Nachtfalter
erreichbar

Merkmale 20-100 cm hohe Staude. Die hellpurpurnen
bis rötlichlilafarbenen Blüten tragen auf der Rückseite
einen langen, gekrümmten Sporn und bilden eine lockere
Ähre. Die länglichen Blätter sind aufrecht und nicht
gefleckt.
Vorkommen/Standort Die Mücken-Händelwurz wächst
meist in kleineren Gruppen in Kalkmagerrasen, Moorwiesen und lichten Wäldern auf stickstoffarmen Böden mit
wechselnder Feuchte.
Wissenswertes Orchideen sind geschützt. Duften die
Blüten, handelt es sich um die ab Juli blühende Unterart
densiflora. Die duftlose Unterart conopsea blüht früher.

Einzelblüte

Geflecktes Knabenkraut
Dactylorhiza maculata agg.   MAI–AUG

Das Gefleckte
Knabenkraut ist
eine Täuschblu-
me. Seine Blüten
duften nicht und
bieten keinen
Nektar an.

Merkmale 10-60 cm hohe Staude. Die Unterlippe der
blassvioletten Blüten ist pink gemustert. Die schmalen,
meist gefleckten Blätter reichen bis unter den Blütenstand.
Vorkommen/Standort Das Gefleckte Knabenkraut
kommt in feuchten Magerrasen, Niedermooren und Hei-
demooren vor. Die Böden sind sauer und wechselfeucht.
Wissenswertes Das Gefleckte Knabenkraut ist geschützt
und wird durch Düngung, Trockenlegung oder Brachfal-
len extensiver Feuchtwiesen gefährdet. Die Blätter des
Breitblättrigen Knabenkrauts (*Dactylorhiza majalis*) sind
ebenfalls gefleckt. Sein Wuchs ist aber gedrungener.

Same mit loser
Hülle

Wiesen-Labkraut
Galium mollugo agg.   MAI–SEP

Merkmale 25-100 cm hohe Staude mit weißen, vierzipfligen Blüten. Die Blätter sitzen in Quirlen um den vierkantigen Stängel. Die kugeligen Früchte sind mit feinen Häkchen besetzt.

Vorkommen/Standort Das Wiesen-Labkraut wächst in Wiesen, Halbtrockenrasen, Auenwäldern und an Waldrändern, Gebüschen und Wegen auf frischen, nährstoff- und basenreichen Böden.

Wissenswertes Wie auch das Echte Labkraut (*Galium verum*) enthält es Lab und kann zur Käseherstellung verwendet werden.

Wiesen-Kerbel
Anthriscus sylvestris   MAI–AUG

Merkmale 60-150 cm hohe Staude mit weißen Blütendolden. Die feinen Blattabschnitte duften beim zerreiben aromatisch. Der gefurchte Stängel ist besonders unten dicht behaart.

Vorkommen/Standort In frischen Fettwiesen, Hecken, Gebüsch- und Waldrändern zeigt der Wiesen-Kerbel Nährstoffreichtum an.

Wissenswertes Der Wiesen-Kerbel kommt im Frühling als erster Doldenblütler zusammen mit dem scharfen Hahnenfuß zur Blüte. Er verträgt keine Beweidung und ist wie der Wiesen-Bärenklau charakteristisch für stark gedüngte Wirtschaftswiesen.

Wiesen-Bärenklau
Heracleum sphondylium   JUN–SEP

Merkmale 50-150 cm große Staude. Die weißen Randblüten der Dolden sind stark vergrößert.Die gelappten Blätter sind wie der hohle Stängel rau behaart.

Vorkommen/Standort Der Wiesen-Bärenklau kommt in frischen Wiesen, an Ufern, Gräben und in Auwäldern auf basenreichen, tiefgründigen Böden vor. Er zeigt Überdüngung und ist nicht weidefest.

Wissenswertes Furanocumarine führen in der Sonne zu Wiesendermatitis. Besonders heftige Hautverbrennungen löst der als Bienenweide angesäte, 3,50 m hohe Riesen-Bärenklau (*Heracleum mantegazzianum*) aus.

Wilde Möhre
Daucus carota   JUN–SEP

Tipp für unterwegs

Die schwarzrote, etwas größere Lockblüte im Zentrum der cremeweißen Dolde soll Insekten anlocken.

Fruchtstand

Merkmale 30-100 cm hohes, zweijähriges Kraut. Unter der weißen Blütendolde stehen feinstrahlig verzweigte Hüllblätter. Die feinen Teilblättchen sind behaart.
Vorkommen/Standort Auf Fettwiesen, Magerrasen und Wegrändern besiedelt die Wilde Möhre warme, mäßig trockene, nährstoff- und basenreiche Böden.
Wissenswertes Im Gegensatz zur Garten-Möhre ist die helle Wurzel der Wilden Möhre dünn und enthält nur wenig Karotin. Der nestförmige Fruchtstand öffnet sich bei trockenem Wetter und schließt bei Feuchtigkeit. Die dunkle Mohrenblüte in der Doldenmitte ist steril.

Ausdauerndes Gänseblümchen
Bellis perennis   JAN–DEZ

Tipp für unterwegs

Orakeln Sie:: „Er liebt mich von Herzen, mit Schmerzen, über alle Maßen, ein bisschen, wenig, rein gar nicht."

Merkmale 5-15 cm hohe Staude. Aus einer Blattrosette entspringt ein Stängel mit nur einem Blütenkörbchen aus weißen bis rötlichen Zungenblüten und gelben Röhrenblüten.
Vorkommen/Standort Gänseblümchen wachsen in Weiden, Wiesen und Parkrasen auf frischen, nährstoffreichen, oft verdichteten Böden.
Wissenswertes Die Büten wenden sich zur Sonne, schließen bei Regen. In der Küche verwendet man sie als Kapernersatz und zur Dekoration von Butterbrot und Salaten. Kränze aus Gänseblümchen sollen kleine Mädchen davor bewahren, von Feen verschleppt zu werden.

Gewöhnliche Wiesen-Schafgarbe
Achillea millefolium   JUN–OKT

Tipp für unterwegs

Schafe fressen gerne die Blätter der Schafgarbe. Bei empfindlichen Menschen löst sie Hautausschlag aus.

Merkmale 20-120 cm große Staude mit weißen oder rosafarbenen Zungenblüten. Die aromatisch duftenden Blätter sind in sehr viele feine Zipfel aufgespalten.
Vorkommen/Standort In frischen bis mäßig trockenen Wiesen, Weiden und Halbtrockenrasen ist die Schafgarbe auf nährstoffreichen Lehmböden zu finden.
Wissenswertes Als Pionierpflanze wurzelt die Schafgarbe 90 cm tief und festigt dadurch den Boden. Sie ist eine alte Heilpflanze. Achilles soll mit ihr Wunden seiner Krieger geheilt haben.

Wiesen-Margerite
Leucanthemum vulgare   JUN–OKT

Merkmale 20-80 cm hohe Staude mit langen Blütenstängeln und einzelnen Blütenkörbchen. Grob gezähnte Grundblätter bilden eine Rosette.

Vorkommen/Standort Die Wiesen-Margerite kommt in trockenen Wiesen und Halbtrockenrasen auf warmen, meist basenreichen Böden vor.

Wissenswertes In häufig gemähten Rasen wird die Ausbreitung der „Wucherblume" über ihren Wurzelstock gefördert. Das Abzupfen der Blütenblätter ist ein altes Liebesorakel: „Er liebt mich, er liebt mich nicht, ..."

Silberdistel, Wetterdistel, Große Eberwurz
Carlina acaulis   JUL–SEP

Merkmale 3-60 cm große Staude mit stachliger Blattrosette dicht am Boden. Hüllblätter umgeben die Röhrenblüten als silberweiße Strahlen.

Vorkommen/Standort Die Silberdistel wächst als Weideunkraut in sonnigen Halbtrockenrasen, an Wegen und Böschungen auf basenreichen Böden.

Wissenswertes Die Silberdistel ist geschützt und darf nicht gesammelt werden. Ihre Wurzel wurde zur Heilung von Schweinekrankheiten verwendet. Auf den Futtertrog genagelt sollte die Wurzel Schweine vor Rotlauf schützen.

Weiß-Klee
Trifolium repens   MAI–SEP

kriechende Stängel

Merkmale 15-50 cm hohe Staude mit weißen bis hellrosa Blüten. Der Stängel kriecht auf dem Boden und wurzelt an den Knoten. Die dreiteiligen Blätter sind oft hell gefleckt.

Vorkommen/Standort In fetten Weiden, Wiesen, an Wegen und Äckern kommt der Weiß-Klee auf frischen, nährstoffreichen und verdichteten Böden vor.

Wissenswertes Der wintergrüne Weiß-Klee ist als wertvolle Futterpflanze auch in Kleegras-Ansaaten enthalten. Aus gemahlenen Blüten backt man in der Outdoor-Küche Bannocks, das Brot der Wildnis – wie schon zu Notzeiten in Irland im 18. Jahrhundert.

Tipp für unterwegs

Vor der Blüte gesammelte Blätter sind reich an Vitamin C und schmecken nach Kresse.

Wiesen-Schaumkraut
Cardamine pratensis   APR–JUN

Merkmale 10-60 cm hohe Staude mit violetten Blüten. Am hohlen Stängel sind die Blätter in schmale Abschnitte gegliedert. In der Rosette sind die rundlichen Endblättchen am größten.

Vorkommen/Standort Im Frühjahr sind feuchte, nährstoffreiche Wiesen mit den violetten Blüten übersät. Das Wiesen-Schaumkraut wächst auch in Laubwäldern, Auenwäldern und an Ufern.

Wissenswertes Der Aurorafalter ernährt sich von Nektar und Blättern des Wiesen-Schaumkrauts. In den Schaumbläschen leben die Larven der Wiesenschaumzikade.

Tipp für unterwegs

Das Pflücken der Pflanze soll Gewitter anziehen. Nimmt man das Gewitterblümchen mit, folgt einem der Blitz.

Stängel mit 2 Haarleisten

Gamander-Ehrenpreis
Veronica chamaedrys   APR–OKT

Merkmale 15-40 cm große Staude mit vierzipfligen, azurblauen Blüten mit dunkleren Adern. Am Stängel stehen sich zwei Haarleisten und eingekerbte Blätter gegenüber. Dreieckige Fruchtkapsel.

Vorkommen/Standort Der Gamander-Ehrenpreis kommt in frischen Wiesen, an Hecken, Weg-, und Waldrändern sowie in lichten, trockenen Wäldern auf Lehmböden vor.

Wissenswertes Die dunklen Linien und der weiße Ring in der Blütenzeichnung zeigen Schwebfliegen und Bienen den Weg zum Nektar. Regentropfen und Ameisen verbreiten die Samen.

Tipp für unterwegs

Die storchenschnabel-ähnlichen Früchte platzen durch Spannungen beim Trocknen auf. Die Samen werden ausgeschleudert.

Frucht

Wiesen-Storchschnabel
Geranium pratense   JUN–AUG

Merkmale 20-60 cm hohe, behaarte Staude. Immer zwei hellblaue Blüten stehen an einem Stiel. Die handförmigen Blätter sind tief geteilt. Die Fruchtform erinnert an einen Storchschnabel.

Vorkommen/Standort Der Wiesen-Storchschnabel zeigt Nährstoffreichtum an. Er ist in frischen, basenreichen Fettwiesen, an Gräben und Straßenrändern zu finden.

Wissenswertes Verblühte Blütenstiele sind zuerst abwärts gebogen, richten sich aber später wieder auf. Beim violetten Wald-Storchschnabels (*Geranium sylvaticum*) bleiben sie aufrecht.

Tipp für unterwegs

Der Name Rundblättrige Glockenblume bezieht sich auf die rundliche Gestalt der Grundblätter.

Grundblätter

Rundblättrige Glockenblume
Campanula rotundifolia+ Campanula patula   JUN–SEP

Merkmale 10-30 cm große Staude. Die blauvioletten Blütenglocken sind fünfzipflig. Die Stängelblätter sind schmal, die Grundblätter rundlich.
Vorkommen/Standort Die Rundblättrige Glockenblume kommt in mageren Wiesen, Heiden und lichten Wäldern, an Wegrändern sowie in Fels- und Mauerspalten vor.
Wissenswertes Als Magerkeitszeiger wurzelt sie bis 120 cm tief. Ihre Knospen neigen sich erst kurz vor dem Aufblühen nach unten. Die aufrechten Blüten der Wiesen-Glockenblume (*Campanula patula*) bilden einen lockeren Blütenstand, während die Blüten der dunkelvioletten Knäuel-Glockenblume (*Campanula glomerata*) in Büscheln stehen.

Tipp für unterwegs

Schmecken die Blätter bitter, handelt es sich um das Bittere Kreuzblümchen.

Gewöhnliches Kreuzblümchen
Polygala vulgaris   MAI–SEP

Merkmale 5-25 cm hohe Staude. Die blauen Blüten haben ein gefranstes Anhängsel. Rötlich-violette oder weiße Blüten sind selten. Die Blätter werden nach oben hin immer größer.
Vorkommen/Standort Das Gewöhnliche Kreuzblümchen ist auf mageren Rasen, Wiesen, Weiden, Heiden und an Wegrändern zu finden auf frischen, stickstoffarmen und sauren Böden.
Wissenswertes Die Pflanze erhielt den Namen *Polygala*, weil man früher glaubte, dass sie beim Vieh die Milchproduktion steigere. Das gefranste Blütenblatt ist ein Landeplatz für Bienen und Falter, die für die Bestäubung sorgen. Selbstbestäubung ist ebenfalls möglich.

Tipp für unterwegs

Die gespaltene Narbe und die Blütenform führten zur Annahme, die Pflanze helfe bei Schlangenbissen.

Gewöhnlicher Natternkopf
Echium vulgare   MAI–OKT

Merkmale 25-100 cm hohes, zwei- bis mehrjähriges Kraut. Stängel und die länglichen Blätter sind durch starre Borsten rau. Die eingerollten Knospengruppen bilden einen kegelförmigen Blütenstand. Die Blütenfarbe wechselt von rosa zu blau.

Vorkommen/Standort Der Gewöhnliche Natternkopf wächst in Trocken- und Halbtrockenrasen, an Wegrändern und Felsen mit trockenen und warmen, mäßig nährstoffreichen Böden.

Wissenswertes Der Gewöhnliche Natternkopf ist durch leberschädigende und krebserregende Pyrrolizidin-Alkaloide giftig. Sein zuckerreicher Nektar ist eine gute Bienenweide. Die allantoinhaltige Wurzel wurde zum Rotfärben verwendet.

Tipp für unterwegs

Junge Blätter und Blüten können gesammelt und in Salaten oder als Wildgemüse gegessen werden.

Kriechender Günsel
Ajuga reptans   MAI–AUG

Merkmale 7-30 cm große Staude mit oberirdischen Ausläufern. Der vierkantige Stängel ist am Grund rot überlaufen und entspringt einer Blattrosette. Die Oberlippe der blauen Blüten ist nur sehr kurz.

Vorkommen/Standort Der Kriechende Günsel kommt auf frischen Wiesen, in Rasenflächen, Gebüschen, Wäldern und an Wegrändern auf nährstoffreichen Lehmböden vor.

Wissenswertes Ajugalacton und Cyasteron beeinflussen die hormonell gesteuerte Entwicklung und Häutung von Insektenlarven und wirken als Insektizid. Eine antirheumatische Wirkung durch Harpagosid wie bei der afrikanischen Teufelskralle ist noch nicht nachgewiesen.

Tipp für unterwegs

Gundermann enthält ätherische Öle. Beim Zerreiben zwischen den Fingern duftet er sehr aromatisch.

Gundermann, Gundelrebe
Glechoma hederacea   APR–JUN

Merkmale 10–40 cm hohe Staude mit wurzelnden Ausläufern. Die blauvioletten Blüten sind deutlich in Ober- und Unterlippe gegliedert. Die liegenden, vierkantigen Triebe richten sich zur Blütezeit auf. Ihre rundlichen, eingekerbten Blätter stehen einander gegenüber und können violett überlaufen sein.
Vorkommen/Standort Der Gundermann wächst in Wiesen, Weiden und Rasenflächen, in Auenwäldern, an Hecken- und Waldrändern auf frischen bis nassen, nährstoff- und basenreichen Lehmböden.
Wissenswertes Für Tiere, besonders Pferde, ist Gundermann giftig. Als alte germanische Heil- und Zauberpflanze soll er bei verhexten Kühen, die keine Milch geben, milchfördernd wirken.

Tipp für unterwegs

Die Braunelle aber ist sehr klein, Man muss man genau hinschauen, um sie zu entdecken.

Kleine Braunelle
Prunella vulgaris   JUN–SEP

Merkmale 5–30 cm hohe Staude mit wurzelnden Ausläufern. Die blauvioletten, zweilippigen Blüten bilden einen dichten, ährenartigen Blütenstand. Die Blätter sind ganzrandig oder kurz gezähnt und stehen sich am Stängel gegenüber.
Vorkommen/Standort In Wiesen, Weiden und Parkrasen, an Ufern und Waldwegen breitet sich die Kleine Braunelle über wurzelnde Ausläufer auf frischen und nährstoffreichen Böden aus.
Wissenswertes Früher war die Braunelle ein wichtiges Mittel gegen die „Halsbräune" genannte Diphterie. Das in der Kleinen Braunelle enthaltene Polysaccharid Prunellin konnte in einer Laborstudie erfolgreich gegen Herpes-Viren eingesetzt werden.

Auf der Wiese: Blütenfarbe blau

Wiesen-Salbei
Salvia pratensis MAI–AUG

Tipp für unterwegs

Schiebt man einen Grashalm vorsichtig durch die Blütenröhre, kann man wie ein Insekt die Staubblattbewegung auslösen.

Merkmale 30-60 cm große Staude mit dunkelblauen Blüten und vierkantigem Stängel. Die runzligen Blätter sind borstig behaart und riechen zerrieben aromatisch.
Vorkommen/Standort Der Wiesen-Salbei ist in Halbtrockenrasen, Fettwiesen, an Wegen und Böschungen auf im Sommer warmen, eher trockenen, basen- und kalkreichen Lehmböden zu finden.
Wissenswertes Um an den Nektar am Grund der Blütenröhre zu gelangen, lösen Hummeln und Bienen mit ihrem Rüssel eine Hebelbewegung der Staubblätter aus. Dabei wird der Pollen auf dem Insektenrücken abgestreift.

Wiesen-Witwenblume
Knautia arvensis JUL–AUG

Tipp für unterwegs

Ob es hilft? In Kleider eingenäht oder in Kränze geflochten soll die Pflanze böse Geister fernhalten.

Einzelblüte

Merkmale 30-80 cm hohe, behaarte Staude mit violetten Blütenköpfchen. Jede Einzelblüte besitzt vier ungleich lange Kronzipfel. Tief geteilte Stängelblätter stehen einander gegenüber, Grundblätter ungeteilt.
Vorkommen/Standort Die Wiesen-Witwenblume kommt auf Fettwiesen, Halbtrockenrasen, an Weg- und Waldrändern und auf extensiven Äckern mit nährstoff- und basenreichen Lehmböden vor.
Wissenswertes Grünlich-rosa Knospenkügelchen sitzen dicht zusammen. Die Samen besitzen ein nährstofffreiches Anhängsel und werden von Ameisen verbreitet.

Tauben-Skabiose
Scabiosa columbaria JUL–NOV

Tipp für unterwegs

Die Blätter wurden gegen Krätze angewendet. Biegt man die Blüten auseinander, kommen dunkle Spreublätter zum Vorschein.

Einzelblüte

Merkmale 25-60 cm hohe Staude mit violetten Blüten und gegenüberstehenden Blättern. Grundblätter sind am Rand gekerbt, die oberen Blätter haben schmale Abschnitte. Frucht trägt fünf Borsten. Jede Blüte besitzt fünf Kronzipfel.
Vorkommen/Standort In Trocken- und Halbtrockenrasen, mageren Wiesen und Säumen wächst die Tauben-Skabiose auf trockenen, mäßig nährstoffreichen, ungedüngten und meist kalkhaltigen Lehmböden.
Wissenswertes Die Wurzeln reichen bis 150 cm tief in den Boden und stellen eine ausreichende Wasserversorgung auf trockenen Standorten sicher.

Tipp für unterwegs

Die Zypressen-
Wolfsmilch ist
Haupt-Futter-
pflanze der sehr
schönen
rot-bunten
Raupen des
Wolfsmilchs-
schwärmers.

vom Erbsenrost
befallene Pflanze

Zypressen-Wolfsmilch
Euphorbia cyparissias APR–MAI

Merkmale 15-30 cm hohe, bläulichgrüne Staude mit giftigem Milchsaft. Triebe erinnern an Tannenzweige. Gelbe
Scheinblüten färben sich zur Fruchtreife rötlich. Vom Erbsenrost (*Uromyces pisi*) befallene Pflanzen sind unver-
zweigt mit kleinen, rundlichen Blättern.
Vorkommen/Standort Die Zypressen-Wolfsmilch kommt
in Magerweiden und -rasen, an Wegrändern und
Böschungen vor auf mäßig trockenen, basenreichen,
meist kalkhaltigen Böden.
Wissenswertes Massenhaftes Auftreten der Art deutet
auf langjährige Beweidung der Fläche hin, weil das Vieh
die giftige Pflanze nicht frisst.

Tipp für unterwegs

Den Blutwurz
kann man auch
gegen Wunden
anwenden.

angeschnittener
Wurzelstock

Blutwurz, Tormentill
Potentilla erecta MAI–AUG

Merkmale 10-35 cm hohe Staude mit vier gelben Blüten-
blättern. Die dunkelgrünen Blätter sind am Rand gezähnt
und sitzen direkt am Stängel.
Vorkommen/Standort Die Blutwurz ist in Magerrasen,
Heiden und Moorwiesen, in lichten Wäldern und an
Waldwegen zu finden auf nährstoffarmen Böden.
Wissenswertes Die Gerbstoffe der Blutwurz helfen bei
Entzündungen in Mund und Rachen, Durchfall, Blutun-
gen und fördern die Wundheilung. An Bruch- und
Schnittstellen des Wurzelstocks entsteht mit Luftsauer-
stoff der Gerbfarbstoff Tormentillrot.

Tipp für unterwegs

Die Droge ist
das zur Blütezeit
gesammelte
getrocknete
Kraut, Frauen-
mantelkraut oder
Mariemantelkraut
genannt.

Gewöhnlicher Frauenmantel
Alchemilla vulgaris agg. MAI–OKT

Merkmale 5-80 cm hohe Staude mit unscheinbaren,
grüngelben, vierzipfligen Blüten. Die Blätter sind am
Rand und erinnern an einen Umhang. Blattfalten, -ner-
ven und Stängel sind behaart.
Vorkommen/Standort Frauenmantel wächst auf frischen
bis feuchten Wiesen und Weiden, an Gräben, Böschungen, Gebüschen und in Trittrasen auf mäßig nährstoffreichen Lehmböden.
Wissenswertes Die kleinen Tröpfchen am Blattrand gibt
die Pflanze aktiv ab. Mit ihnen versuchten die Alchemisten Gold herzustellen. Alchemilla leitet sich von Alchemie
ab. Frauenmantel ist eine gerbstoffhaltige Heilpflanze.

Knolliger Hahnenfuß
Ranunculus bulbosus MAI–JUL

Tipp für unterwegs

Die Knolle des giftigen Weideunkrauts kann man leicht ausgraben.

Knolle, Grundblatt

Merkmale 15-35 cm große Staude mit gelben Blüten und nach unten geschlagenen Kelchblättern. Die ganze Pflanze ist behaart.

Vorkommen/Standort Der Knollige Hahnenfuß kommt in Kalkmagerrasen, mageren Wiesen und Weiden, an Wegrändern und Böschungen vor auf eher trockenen, basenreichen Lehmböden.

Wissenswertes Stängel und Blätter welken kurz nach der Samenreife. *Bulbosus* bedeutet Knolle. In ihr werden Nährstoffe gespeichert. In der Homöopathie wird die Pflanze bei Rheuma und Hautausschlägen eingesetzt.

Kriechender Hahnenfuß
Ranunculus repens MAI–AUG

Tipp für unterwegs

Der Kriechende Hahnenfuß gilt als schwache Giftpflanze. Sein Pflanzensaft kann auf der Haut zu Reizungen führen.

Blatt

Merkmale 15-40 cm hohe Staude mit langen, kriechenden Ausläufern, die im Boden festwurzeln. Behaarte Kelchblätter liegen den Blütenblättern an.

Vorkommen/Standort Der Kriechende Hahnenfuß zeigt Lehm und Bodenverdichtung in Wiesen und Auenwäldern, an Ufern, Gräben, Wegen und auf Äckern mit feuchten, nährstoffreichen Böden. Er verträgt auch kurzzeitige Überflutung.

Wissenswertes Seine 50 cm tiefen Wurzeln befestigen offenen Boden. Die zahlreichen Samen haften an Tierfell und Hosenbeinen.

Scharfer Hahnenfuß
Ranunculus acris MAI–SEP

Tipp für unterwegs

Der Saft der frischen Pflanzen kann auf der Haut zu Rötungen, Blasenbildungen und Reizungen führen.

Grundblatt

Merkmale 30-120 cm hohe, behaarte Staude. Die Kelchblätter liegen den gelben Blütenblättern an. Die handförmigen Grundblätter sind lang gestielt.

Vorkommen/Standort Der Scharfe Hahnenfuß ist auf Wiesen und Weiden mit kühlen, frischen oder feuchten, nährstoffreichen Lehmböden zu finden.

Wissenswertes Weidevieh meidet den im frischen Zustand scharf schmeckenden Hahnenfuß. Bei Verletzung der Pflanze wird Ranunculin in giftiges Protoanemonin umgewandelt, aus dem beim Trocknen des Heus ungiftiges Anemonin entsteht.

Echtes Johanniskraut, Tüpfel-Hartheu
Hypericum perforatum   JUN–AUG

Grundblatt

Merkmale 15-80 cm hohe Staude. Die gelben Blüten fär-
ben sich beim Zerreiben blutrot. Im Gegenlicht erschei-
nen auf der Blattunterseite durchscheinende Punkte. Die
Blätter stehen sich gegenüber.
Vorkommen/Standort Als Pionierpflanze auf mageren
Böden kommt Echtes Johanniskraut in Wiesen, Weiden,
Heiden und Brachen vor. Auch an Gebüschen, Waldrän-
dern, Wegen und Böschungen anzutreffen.
Wissenswertes Johanniskraut hat eine stimmungsauf-
hellende Wirkung. Einreiben mit Johanniskrautöl hilft bei
Hexenschuss.

Gewöhnliches Sonnenröschen
Helianthemum nummularium   MAI–OKT

Merkmale 10-20 cm großer, immergrüner Zwergstrauch.
Aus den überhängenden Blütenknospen entfalten sich
zerknitterte gelbe Blütenblätter. Die ledrigen, behaarten
Blätter stehen einander gegenüber.
Vorkommen/Standort Das Sonnenröschen wächst in
sonnigen Kalkmagerrasen und -weiden, an Böschungen,
Säumen und in lichten Kiefern-Trockenwäldern auf
mageren, im Sommer trockenen, basenreichen Böden.
Wissenswertes Jede Blüte blüht nur einen einzigen Tag
lang. Sie öffnet sich nur bei Sonnenschein. Nachmittags
schließt sie sich und die Blütenblätter fallen ab.

Wiesen-Schlüsselblume
Primula veris   APR–JUN

Einzelblüte

Merkmale 10-30 cm hohe Staude. Die duftenden, gelben
Blüten haben am Schlund fünf orange Flecken. Die runzligen Blätter bilden eine Rosette, aus der ein unbeblätter-
ter Blütenstängel entspringt.
Vorkommen/Standort In Kalkmagerrasen, mageren Wiesen, Rainen und lichten Eichenwäldern wächst die Wiesen-Schlüsselblume auf eher trockenen, nährstoffarmen
und basenreichen Böden.
Wissenswertes Die Wiesen-Schlüsselblume ist eine der
ersten Frühlingsblumen und soll von Elfen beschützt
werden. Blüten und besonders auch die Wurzel enthalten
Saponine, die bei Husten schleimlösend wirken.

Kleiner Odermennig
Agrimonia eupatoria JUN–SEP

Tipp für unterwegs

Mit ihren Haken bleiben die kegelförmigen Früchte an vorbeistreifenden Tieren oder an der Kleidung hängen.

Blatt

Merkmale 30-100 cm große Staude mit gelben Blüten in einem dichten, schmalen Blütenstand. Große und kleine, gezähnte Blättchenpaare wechseln sich ab.
Vorkommen/Standort Der Kleine Odermennig kommt in warmen Magerrasen und -weiden, Waldsäumen, Hecken und Böschungen vor auf trockenen bis frischen, basenreichen, und mäßig nährstoffreichen Böden.
Wissenswertes Stehen im Sommer viele Blüten an der Spitze, empfiehlt ein Saatorakel den Bauern eine frühe Aussaat im nächsten Jahr. Dicht stehende untere Blüten bedeuten einen späten Saattermin.

Kohl-Kratzdistel
Cirsium oleraceum JUN–SEP

Tipp für unterwegs

Die großen unteren Blätter eignen sich gut zum Sammeln. Sie sind weich und stechen kaum und erinnern an Löwenzahn.

Blatt

Merkmale 50-150 cm hohe Staude mit blassgelben Blüten und großen, löwenzahnförmigen Grundblättern. An der Spitze der Früchte befindet sich ein Haarkranz.
Vorkommen/Standort Die Kohl-Kratzdistel wächst in Nasswiesen und Auenwäldern, an Bächen, Gräben und in Waldschlägen auf sicker- oder staunassen, nährstoff- und basenreichen Tonböden. Sie zeigt Düngung an.
Wissenswertes Wie Spinat zubereitet schmecken junge Blätter und Stängel kohlartig. Die Blütenböden kann man als Artischockenersatz verwenden.

Wiesen-Bocksbart
Tragopogon pratensis MAI–JUL

Tipp für unterwegs

Der Haarkranz mit seinen verzweigten Haaren funktioniert bei der Verbreitung der Früchte wie ein Fallschirm.

Frucht mit Schirm

Merkmale 30-60 cm hohes, zweijähriges Kraut. Die gelben Zungenblüten sind etwa so lang wie die grünen Hüllblätter. Die schmalen Blätter enthalten Milchsaft.
Vorkommen/Standort Der Wiesen-Bocksbart wächst meist in kleinen Gruppen auf frischen bis trockenen Wiesen, Halbtrockenrasen und Wegrändern mit mäßig nährstoffreichen, schwach basischen Böden.
Wissenswertes Die Blüten schließen sich um 14 Uhr. Der Orientalische Bocksbart (*Tragopogon orientalis*) schließt seine Blüten schon um 11 Uhr. Seine Hüllblätter sind kürzer als die Blütenblätter.

Wiesen-Löwenzahn, Kuhblume
Taraxacum officinale, Taraxacum sect. Ruderalia   APR–JUL

Tipp für unterwegs

Beim abpusten der Pusteblume darf man sich etwas wünschen. Bleibt kein Samen übrig, geht der Wunsch in Erfüllung.

Frucht mit lang gestieltem Haarkranz

Merkmale 5-40 cm hohe Staude mit Milchsaft. Die unregelmäßig gezähnten Blätter bilden eine Rosette. Der hohle, blattlose Blütenstängel trägt ein Blütenkörbchen mit gelben Zungenblüten. Die Schirmchen der Früchte bilden mit ihrem lang gestielten Haarkranz einen kugelförmigen Fruchtstand.
Vorkommen/Standort Der Wiesen-Löwenzahn kommt auf frischen Wiesen und Weiden, an Weg- und Straßenrändern und auf Äckern vor.
Wissenswertes Die Blüten schließen sich bei Nacht, Regen und Trockenheit. Löwenzahn enthält Bitterstoffe, Vitamine und Mineralstoffe und wird unter anderem bei Gallenstörungen eingesetzt. Junge Blätter schmecken als Salat oder Wildgemüse. Blüten ergeben Sirup oder Gelee und die Pfahlwurzeln eignen sich als Schwarzwurzelersatz. Auf dem 500-DM-Schein war ein Löwenzahn abgebildet.

Wiesen-Pippau
Crepis biennis   MAI–AUG

Tipp für unterwegs

Der schneeweiße Haarkranz der Frucht ist biegsam und zerbröselt nicht beim Zerreiben zwischen den Fingern.

Merkmale 50-120 cm hohes, zweijähriges Kraut. Die Blätter haben abwärts gerichtete Sägezähne.An den verzweigten Stängeln sind die Blütenkörbchen mit gelben Zungenblüten von schwärzlich-grünen Hüllblättern umgeben. Die Frucht trägt an der Spitze einen weißen, ungestielten Haarkranz.
Vorkommen/Standort Der Wiesen-Pippau wächst auf frischen Mähwiesen, an Weg- und Straßenrändern. In warmen, basenarmen Böden wurzelt er tief und zeigt Nährstoffe an.
Wissenswertes Die Früchte werden durch Wind verbreitet oder bleiben an Tieren hängen. Auch Ameisen verschleppen die Früchte. Der Wiesen-Pippau verträgt Beweidung und Tritt nur schlecht. Werden Wiesen in Weiden umgewandelt, verschwindet er. Manchmal sind die Nussfrüchte in Kanarienvogelfutter enthalten.

Gewöhnlicher Hornklee
Lotus corniculatus   JUN–AUG

Blatt

Merkmale 5-40 cm große Staude. Die Blätter bestehen
aus fünf etwa gleich großen Teilblättchen. Die gelben
Blüten sind manchmal rot überlaufen.
Vorkommen/Standort Der Gewöhnliche Hornklee
wächst auf Wiesen, Weiden und Halbtrockenrasen, an
Gebüschsäumen, Wegen und Böschungen auf warmen,
mäßig trockenen und nährstoffarmen Lehmböden.
Wissenswertes Verwelkte Blütenreste bleiben lange an
der Spitze der Hülsenfrüchte und geben ihnen ein horn-
förmiges Aussehen. Blausäureabspaltendes Cyanogen
wirkt als Fraßgift gegen Schnecken.

Wiesen-Platterbse
Lathyrus pratensis   JUN–AUG

pfeilförmige Blätter

Merkmale 30-100 cm hohe Staude mit unterirdischen
Ausläufern. Die Blätter bestehen aus zwei Blättchenpaaren und enden in einer Ranke. Die gelben Blüten bilden
schwarze Hülsenfrüchte.
Vorkommen/Standort Die Wiesen-Platterbse ist auf fetten, nassen Wiesen, im Saum von Hecken und Wäldern,
an Ufern und Waldlichtungen zu finden auf nährstoffreichen Lehm- und Tonböden.
Wissenswertes Die Wiesen-Platterbse ist giftig und wird
von Rindern gemieden. In den Wurzelknöllchen leben
Bakterien der Gattung Rhizobium, die Luftstickstoff für
Pflanzen verfügbar machen.

Zottiger Klappertopf
Rhinanthus alectorolophus   MAI–SEP

behaarter Kelch

Merkmale 10-80 cm hohes einjähriges Kraut mit dichter,
zottiger Behaarung. Die hellgelbe Blütenröhre ist nach
oben gekrümmt. Die länglichen, gezähnten Blätter stehen einander gegenüber.
Vorkommen/Standort Der Zottige Klappertopf zeigt
Lehm an. Er wächst in warmen, extensiv genutzten Wiesen, Halbtrockenrasen und Getreidefeldern auf mäßig frischen, nährstoffarmen und meist kalkhaltigen Böden.
Wissenswertes Mit Saugorganen entzieht der Halb-
schmarotzer den Wurzeln seiner Wirtspflanzen Wasser
und Nährstoffe, ist aber noch zur Photosynthese befähigt.

Acker-Schachtelhalm
Equisetum arvense MÄR–APR

Sprossen

Merkmale 15-50 cm hohe Staude mit elfenbeinweißen, Ähren tragenden Sprossen, die nach der Sporenreife absterben. Dann erscheinen grüne, verzweigte Sprosse. Das unterste Glied der Seitensprosse ist länger als die gezähnte Sprossscheide.
Vorkommen/Standort Acker-Schachtelhalm wächst in Feuchtwiesen, auf Äckern, an Wegrändern, Dämmen und Gräben mit nährstoffarmen wechselfeuchten Lehmböden.
Wissenswertes Schachtelhalmtee wirkt harntreibend und bei schlecht heilenden Wunden. Aufgrund des hohen Kieselsäuregehaltes verwendete man das „Zinnkraut" zum Reinigen von Geschirr.

Große Brennnessel
Urtica dioica JUL–OKT

Brennhaare

Merkmale 30-150 cm hohe Staude mit Brennhaaren und borstigen Haaren. Die grob gezähnten Blätter stehen sich am vierkantigen Stängel gegenüber.
Vorkommen/Standort Die Große Brennnessel zeigt feuchte, stickstoffreiche Standorte an, wie überdüngte Wiesen, Wege, Gräben, Auenwälder und Waldsäume.
Wissenswertes Es gibt männliche und weibliche Pflanzen. Für Schmetterlingsraupen sind sie wichtige Futterpflanzen. Junge Blätter kann man wie Spinat zubereiten. Aus Stängelfasern wurde Nesseltuch hergestellt. Brennnesseljauche eignet sich als Dünger im Gemüsegarten.

Wiesen-Sauerampfer
Rumex acetosa MAI–JUL

Pfeilförmiges Blatt

Merkmale 30-100 cm hohe Staude mit sauer schmeckenden Blättern und rötlichgrünen Blüten. Die gestielten Grundblätter haben zwei spitze, nach unten zeigende Ecken.
Vorkommen/Standort Sauerampfer kommt auf Wiesen und Weiden, an Ufern und Wegen vor auf frischen bis feuchten, nährstoffreichen Böden.
Wissenswertes Männliche und weibliche Blüten wachsen auf verschiedenen Pflanzen. Ab Mai fallen sie durch ihre rötliche Färbung auf. Der saure Geschmack der Blätter entsteht durch Oxalsäure. Wiesen-Sauerampfer ist für Vieh giftig.

Breit-Wegerich
Plantago major   JUN–OKT

Merkmale 3-40 cm hohe Staude. Alle Blätter sind deutlich gestielt und bilden eine Rosette. Der Stängel ist so lang wie die Blätter. Die Staubblätter der Fruchtähre sind gelblich.
Vorkommen/Standort Der Breit-Wegerich wächst auf übernutzten Weiden, Trittrasen, an Wegen und Ufern, auf zeitweilig überfluteten Äckern mit nährstoffreichen, verdichteten Ton- und Lehmböden.
Wissenswertes Nordamerikanische Indianer nannten den Breit-Wegerich „Fußstapfen des weißen Mannes", weil ihn Siedler aus Europa mitbrachten und er sich von verdichteten Planwagenspuren aus verbreitete.

Tipp für unterwegs

Angequetschte Blätter des wirken kühlend und wundheilend bei schmerzenden Füßen.

Grundblatt

Mittel-Wegerich
Plantago media   MAI–SEP

Merkmale 10-45 cm große Staude mit weißlichen Blüten und lila Staubfäden. Die weichhaarigen Blätter sind allmählich in einen kurzen Blattstiel verschmälert und liegen in einer Rosette dicht dem Boden an. Der Stängel ist viel länger als die Blätter.
Vorkommen/Standort Den Mittel-Wegerich findet man in warmen Halbtrockenrasen, mageren Wiesen und Weiden auf stark betretenen, eher trockenen, nährstoffarmen und schwach basischen Standorten.
Wissenswertes „Wegerich" bedeutet althochdeutsch „König des Weges". Der Mittlere Wegerich ist eine gute Futterpflanze.

Tipp für unterwegs

Seine Rosettenblätter liegen dicht am Boden und die zähen Blattadern geben viel Stabilität.

Grundblatt

Spitz-Wegerich
Plantago lanceolata   MAI–SEP

Merkmale 10-50 cm hohe Staude mit blassgelben Staubblättern. Die länglichen Blätter haben deutliche Längsnarven. Der Stängel ist gefurcht und erscheint im Querschnitt sternförmig.
Vorkommen/Standort Der Spitz-Wegerich wächst in frischen Wiesen, Weiden, Halbtrockenrasen und mageren Parkrasen, an Wegrändern und auf Äckern.
Wissenswertes Spitz-Wegerich ist eine gute Futterpflanze. Seine Blätter werden seit dem Altertum als entzündungshemmendes und antibakterielles Heilmittel angewendet, z. B. als Hustentee und bei leichten Verletzungen der Haut.

Tipp für unterwegs

Die zerdrückten Blätter lindern den Juckreiz bei Insektenstichen.

Grundblatt

Am Wasser

Pflanzen an Gewässern haben sich an diese Lebensbedingungen angepasst. Sumpfpflanzen wachsen am Gewässerrand, Schwimmblattpflanzen wurzeln am Gewässerboden und bringen ihre Blätter mit Blattstielen zur Wasseroberfläche. Einige Pflanzen können unter Wasser leben. Auch an Entwässerungsgräben, in Röhrichten und Mooren sind einige der folgenden Pflanzenarten anzutreffen.

Tipp für unterwegs

In Waldschlägen und Nadelforsten wächst das schmalblättrige Weidenröschen. Die Blätter stehen abwechselnd am Stängel.

Zottiges Weidenröschen
Epilobium hirsutum   JUN–SEP

Merkmale 80-150 cm hohe Staude. Die Narben der tief-rosafarbenen Blüten sind hellgelb und vierteilig. Die unteren Blätter stehen sich an dem abstehend behaarten Stängel gegenüber. Wenn sich die Fruchtklappen einrollen, entlassen sie viele kleine Samen mit weichen Flughaaren.
Vorkommen/Standort Das Zottige Weidenröschen wächst meist in größeren Gruppen auf nassen, bisweilen überschwemmten Staudenfluren, an Bächen, Gräben, Quellen und Schuttstellen mit nährstoff- und basenreichen Tonböden.
Wissenswertes Mit seinen ober- und unterirdischen Ausläufern festigt das Zottige Weidenröschen lockeren Boden.

Tipp für unterwegs

Aus den Blättern kann man einen Tee kochen. Er schmeckt etwas milder als Pfefferminztee.

Wasser-Minze
Mentha aquatica   JUL–OKT

Merkmale 30-90 cm große, behaarte Staude. Die gezähnten Blätter stehen sich am vierkantigen Stängel gegenüber und duften zerrieben nach Minze. Die rosa, hellvioletten oder weißen Blüten bilden kugelige Blütenstände am Stängelende und in den darunterliegenden Blattachseln.
Vorkommen/Standort Die Wasser-Minze zeigt überschwemmung an und kommt in Röhrichten und Großseggenriedern, an Ufern, Gräben und in nassen Wiesen vor auf mäßig nährstoffreichen und schwach basischen Böden.
Wissenswertes Minze wirkt aphrodisierend. Aus einer Kreuzung mit der Grünen Minze entstand die Pfefferminze.

Tipp für unterwegs

Frisch zer-
quetschte Blätter
lindern Insek-
tenstiche durch
ihre kühlende
Wirkung.

Ross-Minze
Mentha longifolia   JUL–SEP

Merkmale 50–120 cm hohe Staude. Die rötlichlilafarbe-
nen Blüten stehen in ährenähnlichen Blütenständen am
Ende der weichhaarigen Stängel. Die auf der Blattunterseite filzig behaarten Blätter stehen sich am vierkantigen
Stängel gegenüber.
Vorkommen/Standort Die Ross-Minze ist eine Pionierpflanze an Ufern, auf nassen Weiden, an Gräben und
Wegen. Sie zeigt Nährstoffe, Vernässung und Beweidung
an. Mit Hilfe unterirdischer Ausläufer bildet die Ross-
Minze große Bestände.
Wissenswertes Die Ross-Minze unterscheidet sich von
der Grünen Minze durch den Duft der Blätter. Sie wurde
früher bei Kopfschmerzen und Magen-Darm-Beschwerden als Tee angewendet.

Tipp für unterwegs

Einige Wurzeln
mit Wasser vermi-
scht bilden einen
Schaum, mit dem
man waschen
kann.

Gewöhnliches Seifenkraut
Saponaria officinalis   JUN–SEP

Merkmale 30–80 cm große Staude. Die blassrosa bis
weißen Blüten bilden lockere Blütenstände. Die Blätter
haben drei Längsnerven und stehen einander an den
aufrechten und feinflaumigen Stängeln gegenüber.
Vorkommen/Standort Seifenkraut wächst auf Kiesbän-
ken, an Flussufern und Dämmen und vor allem in Aune-
landschaften auf Wegen und Schuttplätzen. Die Böden
sind frisch und mäßig nährstoffreich.
Wissenswertes Die Blüten haben eine lange und enge
Blütenröhre. Die Bestäubung erfolgt durch langrüsselige
Schwärmer. Als schleimlösende Heilpflanze wurde Seifenkraut zur Behandlung von Husten genutzt.

Tipp für unterwegs

Der Schaum an den Blättern heißt Kuckucksspucke. Darin leben die Larven der Schaumzikaden.

Kuckucks-Lichtnelke
Lychnis flos-cuculi   MAI–JUL

Merkmale 30–80 cm hohe Staude. Jedes der fünf fleischfarbenen Blütenblätter ist tief eingeschlitzt in zwei lange und zwei kurze Zipfel. Die schmalen Blätter haben auf der Unterseite einen Blattnerv und stehen einander an dem etwas rauen Stängel gegenüber.
Vorkommen/Standort Die Kuckucks-Lichtnelke ist als Feuchtezeiger auf staunassen bis wechselfeuchten Wiesen, Moorwiesen und in Flachmooren zu finden.
Wissenswertes Die Blätter der nicht blühenden Pflanzen stehen in einer blaugrünen Blattrosette zusammen. Die Kuckucks-Lichtnelke beginnt im Frühling zu blühen, wenn auch der Kuckuck ruft.

Tipp für unterwegs

Die Blüten sind eine gute Bienenweide. Junge Blätter und Stängel sind ein leckeres Gemüse.

Schlangen-Knöterich
Bistorta officinalis   MAI–JUL

Merkmale 30–100 cm große Staude. Die rosa Blüten stehen in dichten, walzenförmigen Ähren am Ende unverzweigter Stängel. Die Unterseite der länglichen Blätter ist blaugrün. Die Blätter der Grundrosette sind lang gestielt.
Vorkommen/Standort Der Schlangen-Knöterich wächst auf frischen bis nassen Wiesen, in Hochstaudenfluren, Auenwäldern und an Ufern auf nährstoffreichen, kalkarmen Lehm- und Tonböden.
Wissenswertes Die Blüten duften gut, die langlebigen Samen werden von Wasser verbreitet. Der schlangenartige Wurzelstock enthält Stärke und wurde gemahlen zum Strecken von Mehl verwendet.

Wurzelstock

Bach-Nelkenwurz
Geum rivale   JUL–APR

Merkmale 30-70 cm hohe Staude. Die glockig überhängenden Blüten sind außen rötlich, innen gelb und von einem rotbraunen Kelch umgeben. Die Blätter der Grundrosette sind aus abwechselnd großen und kleinen Blättchenpaaren zusammengesetzt mit großem Endblättchen.
Vorkommen/Standort Die Bach-Nelkenwurz kommt auf mäßig nährstoffreichen Nasswiesen, Hochstaudenfluren an Bächen und Gräben, an Quellen und in Auenwäldern vor.
Wissenswertes Die Wirkstoffe in der Wurzel wirken antibakteriell und entzündungshemmend. In der Volksheilkunde wurde sie wie auch die nah verwandte Echte Nelkenwurz eingesetzt.

Tipp für unterwegs

Die Früchte sind schwach giftig! Sie bleiben an Tieren hängen und werden so verbreitet.

Arznei-Baldrian
Valeriana officinalis   MAI–AUG

Merkmale 30-200 cm hohe Staude. Die Blütenstände sind verzweigt mit fünfzipfligen, hellrosa bis weißen Blüten. Alle Blätter sind aus Teilblättchen zusammengesetzt. Die Früchte tragen einen weichen Haarkranz.
Vorkommen/Standort Der Arznei-Baldrian ist auf Feucht- und Moorwiesen, Waldlichtungen, an Gräben und Ufern auf schwach basischen Böden.
Wissenswertes Der Arznei-Baldrian ist eine alte Heilpflanze mit beruhigender Wirkung. Er galt sogar als Mittel gegen Pest. Sein starker Geruch soll vor Hexenzauber schützen. Auf Katzen, besonders Kater, wirkt er erregend.

Tipp für unterwegs

Die Pflanze, riecht nicht gut, wegen der ätherischen Öle.

Wurzelstock

Arznei-Beinwell
Symphytum officinale   MAI–JUL

Merkmale 30-100 cm große Staude. Rotviolette oder gelblich weiße Blütenglöckchen bilden eingerollte Blütenstände. Blätter und Stängel sind borstig rau behaart. Die Blätter laufen am Stängel bis zum nächsten Blatt herab.
Vorkommen/Standort Der gewöhnliche Beinwell wächst auf Nasswiesen, an Ufern, Gräben, auf staunassen Äckern und in Auenwäldern mit basenreichen Böden.
Wissenswertes Beinwell ist eine alte Heilpflanze. Die Wurzel wurde früher bei Knochenbrüchen angewendet. Entzündungshemmendes Allantoin der Wurzel findet in der Kosmetikherstellung Verwendung.

Tipp für unterwegs

Umschläge mit den Blättern helfen bei Quetschungen, Blutergüssen, Venenleiden und Rheuma.

Tipp für unterwegs

Unter Wasser bildet die Pflanze Durchlüftungsgewebe aus, das die Wurzeln mit Sauerstoff versorgt.

Blutweiderich
Lythrum salicaria JUL–SEP

Merkmale 50-150 cm hohe Staude. Die purpurroten Blüten stehen in einem langen, schmalen Blütenstand. Die ungestielten Blätter sind am Blattgrund am breitesten. Sie sitzen einander am vierkantigen Stängel gegenüber.
Vorkommen/Standort Der gewöhnliche Blutweiderich kommt in Nasswiesen, Staudenfluren an Gräben und Teichufern sowie in Röhrichten auf nährstoffreichen, feuchten bis nassen Böden vor.
Wissenswertes Blutweiderich ist eine wichtige Futter- und Nektarpflanze für Schmetterlinge. Seine Blüten und Wurzeln wurden zur Blutstillung, zum Gerben von Leder oder als Imprägnierung von Holz eingesetzt.

Tipp für unterwegs

Die Blattform erinnert an Hanfblätter. Wasserdost heißt daher auch Wasserhanf oder Kunigundenkraut.

Wasserdost
Eupatorium cannabinum JUL–SEP

Merkmale 50-150 cm hohe Staude. Die handförmigen, drei- bis fünfteiligen Blätter stehen einander am kurz behaarten Stängel gegenüber. Die Blütenkörbchen enthalten nur Röhrenblüten und stehen in einer gewölbten Fläche. Die Früchte tragen einen dichten Haarkranz.
Vorkommen/Standort Wasserdost kommt in größeren Gruppen in Auenwäldern, Lichtungen und Säumen feuchter Wälder, in Waldschlägen, an Böschungen, Wegen und Ufern vor.
Wissenswertes Als Tee stärkt Wasserdost das Immunsystem bei Erkältung. Enthaltene Pyrrolizidinalkaloide können bei längerer Anwendung zu Leberschäden führen.

Blatt

Tipp für unterwegs

Tee aus der Klettenwurzel hilft bei gestörter Leber- und Gallenfunktion und wirkt blutreinigend.

Große Klette
Arctium lappa JUL–AUG

Merkmale 50-150 cm hohes zweijähriges Kraut. Die Hüllblätter der rotvioletten Blüten sind bis zur Spitze grün und hakig gekrümmt. Die Stiele der etwas herzförmigen Grundblätter enthalten im unteren Teil Mark.
Vorkommen/Standort Die Große Klette ist an Ufern, auf Schuttplätzen an Wegen und Zäunen zu finden auf frischen, überaus nährstoffreichen Lehmböden.
Wissenswertes Aus der Rübenwurzel und den jungen Blättern kann man Wildgemüse zubereiten. Hat der Blattstiel der Grundblätter im Querschnitt (Taschenmesser) ein großes Loch, handelt es sich um die Kleine Klette (*Arctium minus*).

Tipp für unterwegs

Gute Chance auf Schmetterlings- und Raupenbeobachtungen! Landwirte schätzen die Pflanze nicht.

Acker-Kratzdistel
Cirsium arvense JUL–SEP

Merkmale 60-120 cm große Staude mit weit kriechenden Ausläuferwurzeln, nie mit Blattrosette. Die am Rand dornigen Blätter sind auf der Unterseite graugrün oder etwas wollig. Der Stängel ist unten unbehaart. Die Blütenkörbchen sind lilarosa. Die Früchte haben einen Haarkranz mit verzweigten Flughaaren.
Vorkommen/Standort Die Acker-Kratzdistel kommt an Ufern, auf Äckern, an Wegen, Schuttplätzen und in Waldschlägen vor auf frischen, nährstoffreichen Lehmböden.
Wissenswertes Durch die kriechenden Wurzeln ist die Acker-Kratzdistel ein lästiges Ackerunkraut. Zerkleinerte Wurzelstücke wachsen zu neuen Pflanzen heran.

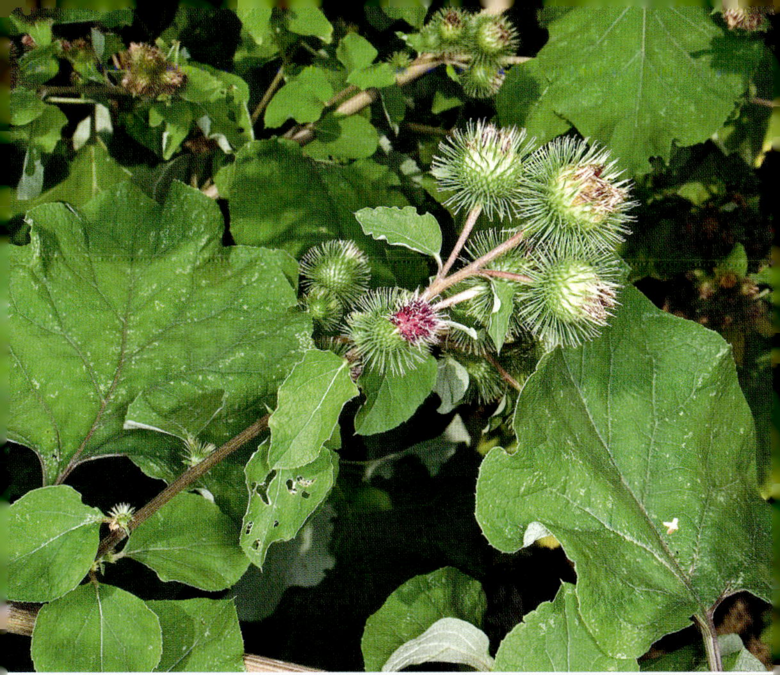

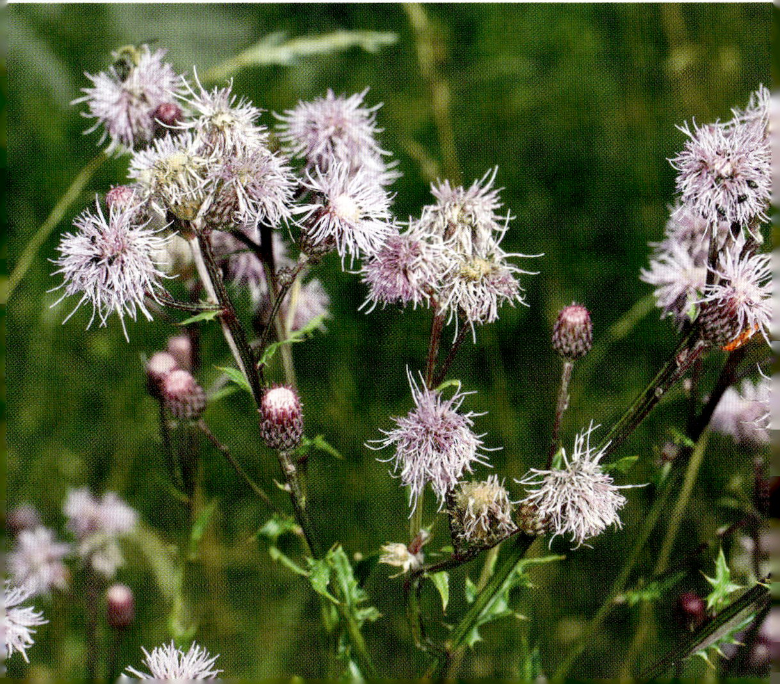

Tipp für unterwegs

In der Sumpf-Kratzdistel kann man Spinnen beobachten, die auf Insekten lauern.

Sumpf-Kratzdistel
Cirsium palustre   JUL–SEP

Merkmale 50-150 cm großes mehrjähriges Kraut. Die Stängel sind durch herablaufende Blattränder dornig. Die dornigen Blätter sind gewellt und tief eingeschnitten. Die purpurroten Blütenkörbchen stehen dicht gedrängt an der Stängelspitze.
Vorkommen/Standort Die Sumpf-Kratzdistel wächst in Nass- und Moorwiesen, an Quellen und Gräben, in Auenwäldern und Waldschlägen auf nassen, mäßig nährstoffreichen Tonböden. Sie zeigt Vernässung an.
Wissenswertes Die langlebigen Samen werden vom Wind mit Hilfe ihrer verzweigten Flughaare verbreitet. Vor allem Tagfalter besuchen die Sumpf-Kratzdistel als Nektarpflanze.

Tipp für unterwegs

In Gartenteichen ist die Schwanenblume eine beliebte Zierpflanze. Sie wird bis zu 1,50 Meter hoch.

Schwanenblume
Butomus umbellatus   JUN–AUG

Merkmale 50-150 cm hohe Staude. Die Blüten mit drei rötlichweißen dunkel geaderten Blütenblättern duften nach Honig. Der Stängel ist rund und blattlos. Die langen, grasartigen Blätter sind am Grund dreikantig.
Vorkommen/Standort Die Schwanenblume wächst bei häufig wechselndem Wasserstand im Uferröhricht stehender oder langsam fließender, nährstoffreicher Flüsse, Bäche, Altwässer, Teiche und Gräben mit sandigen Schlammböden.
Wissenswertes Teile der Wurzel enthalten 60% Stärke und werden in Asien als Nahrungsmittel genutzt. Aus den Stängeln wurden Körbe geflochten. Die Samen werden vom Wasser verbreitet.

Blüte

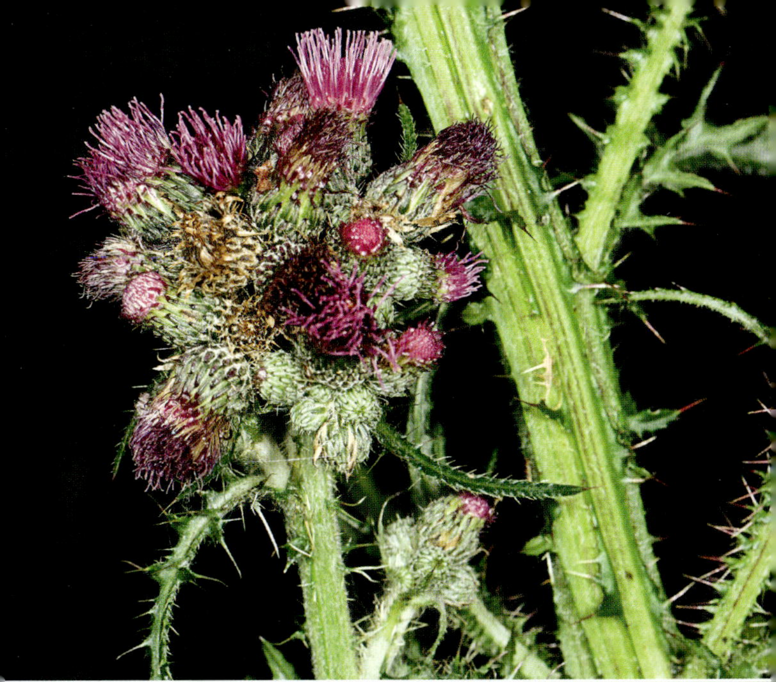

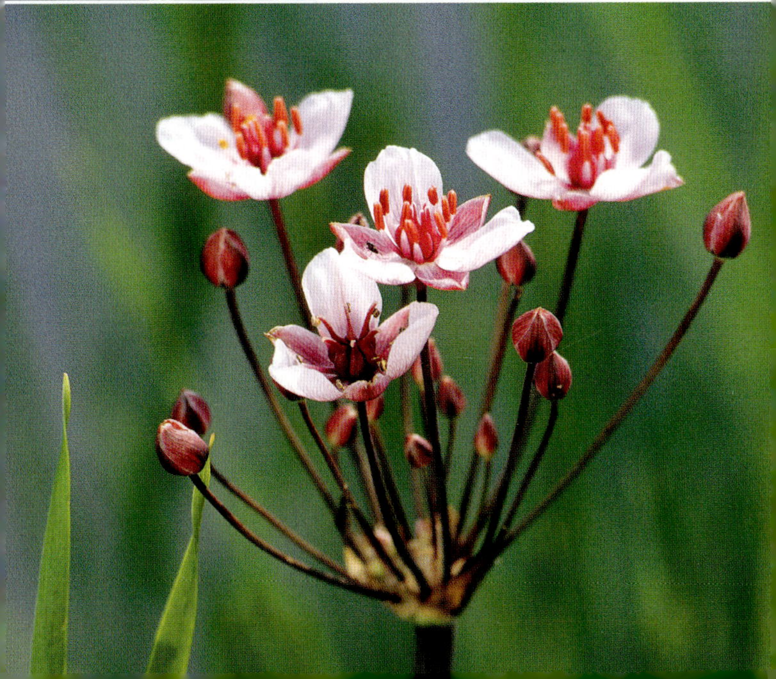

Drüsiges Springkraut
Impatiens glandulifera

Geplatzte Frucht

Merkmale 50-250 cm hohes, einjähriges Kraut. Die roten, duftenden Blüten tragen auf der Rückseite einen dicken Sporn. Die Blätter stehen zu zweit oder dritt am Stängel. Die namensgebenden Drüsen befinden sich am Blattstiel und an den unteren Zähnen der länglichen Blätter.

Vorkommen/Standort Das Drüsige Springkraut wächst in Auenwäldern, Auengebüschen, an Bächen, Gräben und Flüssen und in Pappelforsten auf nährstoffreichen, feuchten oder nassen, auch staunassen Böden.

Wissenswertes 1839 wurde das aus dem Himalaja stammende Drüsige Springkraut in England und bald in ganz Europa als Zierpflanze angepflanzt. Imker säten es als Bienenfutterpflanze und trugen so zu seiner Ausbreitung bei, die noch nicht abgeschlossen ist. Erst im Hochsommer bildet das Drüsige Springkraut Dominanzbestände. Bisher ist nicht bewiesen, dass es andere Arten bedroht oder verdrängt.

Sumpf-Ständelwurz
Epipactis palustris   JUN–AUG

Merkmale 30-50 cm große Staude. Die äußeren Blütenblätter sind braunrot mit grünlicher Innenseite. Die Lippe der duftlosen Blüte ist in einen vorderen, breiten weißen Abschnitt und einen schüsselförmigen, rot geaderten hinteren Abschnitt gegliedert. Der Stängel ist im oberen Teil wollig behaart. Eine orangefarbene Linie umrandet vorne zwei längliche Wülste.

Vorkommen/Standort Die Sumpf-Ständelwurz ist in Flachmooren, nassen bis wechselnassen Wiesen, Sümpfen, an Ufern stehender Gewässer und in feuchten Dünentälern an der Küste zu finden auf nährtoffarmen, basenreichen Böden.

Wissenswertes Der vordere, weiße Teil der Lippe ist über ein Gelenk mit dem hinteren rot geaderten Teil verbunden, an dessen gelbem Grund sich Nektardrüsen befinden. Der Artname *palustris* bezieht sich auf den Wuchsort und bedeutet „im Sumpf lebend". Die Sumpf-Ständelwurz ist geschütz.

Tipp für unterwegs

Aus den Blättern kann man einen vitaminreichen, etwas scharf schmeckenden Salat zubereiten.

Echte Brunnenkresse
Nasturtium officinale   MAI–OKT

Merkmale 20-80 cm hohe Staude. Die Wasserpflanze besitzt weiße, vierteilige Blüten und hohle Stängel, die am Boden wurzeln. Die Blätter sind aus Teilblättchen zusammengesetzt mit einem großen Endblättchen. Die Früchte sind bis zu 18 mm lange Schoten.
Vorkommen/Standort Brunnenkresse wächst an Quellen, in Röhrichten von Bächen und Gräben mit schnell fließendem, kühlem und nährstoffreichem Wasser bis 1 m Tiefe auf Schlammböden.
Wissenswertes Brunnenkresse wurde im Mittelalter als Vitamin-C-Quelle für den Winter kultiviert. In Frühjahrskuren hat sie entschlackende Wirkung.

Tipp für unterwegs

Gehen Sie mittags auf die Suche. Die Blüten öffnen sich erst gegen 12 Uhr.

Blüte

Gewöhnlicher Froschlöffel
Alisma plantago-aquatica   JUL–AUG

Merkmale 30-100 cm große Staude. Die weißen Blüten besitzen jeweils drei Blütenblätter und sind in einem lockeren Blütenstand angeordnet. Unter Wasser flutende Blätter sind schmal und grasartig. Die lang gestielten Blätter oberhalb des Wassers sind löffelförmig zugespitzt.
Vorkommen/Standort Der Froschlöffel kommt in Röhrichten, am Ufer von Teichen und Seen und im langsam fließenden Wasser von Gräben auf flach überschwemmten Schlammböden vor.
Wissenswertes Die Blätter mit ihren parallelen Blattnerven ähneln dem Wegerich. *Plantago-aquatica* bedeutet Wasserwegerich. Er enthält hautreizenden Milchsaft.

Tipp für unterwegs

Die Vogelmiere eignet sich gut für Wildkräutersalate.

Haarleiste am Blattstiel

Gewöhnliche Vogelmiere
Stellaria media   JAN–DEZ

Merkmale 3-40 cm hohes, einjähriges Kraut. Die gestielten Blätter sind eiförmig und stehen sich am runden Stängel gegenüber. Jedes der fünf weißen Blütenblätter ist in zwei sehr schmale Zipfel gespalten, so dass scheinbar zehn Blütenblätter zu sehen sind. Am Stängel ist stets eine einreihige Haarleiste zu sehen.
Vorkommen/Standort Die Vogelmiere ist an Ufern zu finden sowie auf Äckern, in Gärten und Weinbergen, an Wegen und Schuttplätzen.
Wissenswertes Auf etwas trockeneren, sandigen Standorten ist die leicht gelblich aussehende Bleiche Vogelmiere zu finden. Sie besitzt nur Kelchblätter, keine Blütenblätter.

Japan-Knöterich
Fallopia japonica (Syn.: Reynoutria japonica)   AUG–SEP

Merkmale 150-300 cm hohe Staude mit unterirdischen Ausläufern. Die hohlen Stängel sind rot gefleckt. Die ledrigen Blätter enden am Grund rechtwinklig. Aus den weißen Blüten entstehen dreikantige Früchte.
Vorkommen/Standort Auf feucht-nassen, zeitweilig überfluteten und nährstoffreichen Ufern sowie an Schuttstellen und Bahndämmen bildet der Staudenknöterich meist große Bestände.
Wissenswertes Der aus Ostasien stammende Japan-Knöterich wurde 1825 in England gepflanzt. In Deutschland verwilderte er 1872 aus einer Gärtnerei und breitet sich jetzt über Teilstücke des Wurzelstocks stark aus.

Blüte

Echtes Mädesüß
Filipendula ulmaria   JUN–AUG

Merkmale 50-150 cm hohe, Ausläufer treibende Staude. Die gelblichweißen Blüten stehen in einem stark verzweigten Blütenstand. Die Blätter sind aus abwechselnd angeordneten großen und kleinen Teilblättchen zusammengesetzt mit einem dreizipfligen Endblättchen.
Vorkommen/Standort Das Echte Mädesüß besiedelt Nasswiesen, Gräben, Bäche, Quellen, Ufergebüsche und Auenwälder.
Wissenswertes Die Blüten wurden zum Süßen von Met verwendet. Die enthaltenen Salicylate haben bei Erkältungskrankheiten eine fiebersenkende Wirkung und waren Vorbild für den künstlich hergestellten Wirkstoff in Aspirin.

Aufrechter Merk
Berula erecta   JUL–SEP

Merkmale 30-80 cm hohe, Ausläufer treibende Staude. Die Blätter sind aus gezackten Teilblättchen zusammengesetzt und stehen den weißen Blütendolden scheinbar gegenüber. Der runde Stängel ist fein gerillt.
Vorkommen/Standort An flach überfluteten Bächen und Gräben mit kühlem, basenreichem Wasser ist auf Schlammböden der Aufrechte Merk bis in eine Wassertiefe von 150 cm zu finden.
Wissenswertes Unter Wasser flutende Pflanzen bilden über Ausläufer dichte Bestände, blühen aber nicht. Früher wurde der Aufrechte Merk als Heilpflanze bei Rheuma genutzt.

Gefleckter Schierling
Conium maculatum   JUN–SEP

Merkmale 80-180 cm hohes, zweijähriges Kraut. Der runde Stängel ist gefleckt und bläulich bereift. Die Blätter sind in feine Abschnitte gegliedert. Die weißen Blüten sind in Dolden angeordnet. Die runden Früchte sind mit welligen Rippen besetzt.

Vorkommen/Standort Der Gefleckte Schierling ist ein Nährstoffzeiger. Er wächst an Bächen, Flüssen und Schuttplätzen.

Wissenswertes Eine Hinrichtung mit Schierlingssaft, vor allem für politische Straftäter, galt als mild. Der Tod tritt bei vollem Bewusstsein ein. Sokrates starb durch den Schierlingsbecher.

Wasserschierling
Cicuta virosa   JUL–SEP

Merkmale 60-120 cm große Staude. Die schmalen Blattabschnitte sind am Rand scharf gezähnt. Die weißen Blüten sind in Dolden angeordnet. Die ganze Pflanze ist unbehaart.

Vorkommen/Standort Der Wasserschierling ist in nassen, überfluteten Verlandungsbereichen stehender Gewässer wie Tümpel, Gräben und Altwässer zu finden. Er kommt auch in Bruchwäldern auf torfigen, humosen Schlammböden vor.

Wissenswertes Fliegen bestäuben die Blüten des Wasserschierlings. Seine Früchte werden vom Wasser verbreitet. Wurzeln und Pflanze sind sehr stark giftig.

Wald-Engelwurz
Angelica sylvestris   JUL–SEP

Merkmale 80-150 cm hohes, mehrjähriges Kraut. Die Blätter sind aus fein gezähnten Teilblättchen zusammengesetzt. An dem runden Stängel geht der Blattstiel in eine bauchig aufgeblasene Blattscheide über. Die Stiele der weißen oder rötlichen Blütendolden sind flaumig behaart.

Vorkommen/Standort Die Wald-Engelwurz zeigt nährstoffreiche Standorte an. Sie wächst in Auenwäldern, Nasswiesen und an Ufern auf Lehm- und Tonböden.

Wissenswertes Die Kanten der Früchte sind zu Flügeln verbreitert. Sie haften an Tieren und unterstützen die Ausbreitung durch Wind. Die hohlen Stängel bleiben im Winter stehen.

Tipp für unterwegs

Fieberklee ist eine geschützte Sumpfpflanze, daher nicht pflücken! Sie ist schwach giftig.

Fieberklee
Menyanthes trifoliata   MAI–JUN

Merkmale 15-30 cm hohe Staude. Aus einem kriechenden Wurzelstock treiben dreiteilige Blätter, die ähnlich wie Kleeblätter aussehen. Die rötlichweißen Blütenblätter sind am Rand stark ausgefranst.
Vorkommen/Standort Der Fieberklee kommt in Mooren und am Rand von Seen und Torfstichen sowie in Schwingrasen verlandender Gewässer vor. Die nassen Böden sind zeitweilig überschwemmt und kalkarm.
Wissenswertes Fieberklee ist eine Kriechpionierpflanze bei der Verlandung von Seen. Seine Blätter schmecken bitter. In der Volksheilkunde sprach man ihnen eine fiebersenkende Wirkung zu.

Tipp für unterwegs

Bei feuchtem Wetter sind die wunderschönen Blüten geschlossen und sehen etwas traurig aus.

Zaunwinde
Calystegia sepium   JUN–SEP

Merkmale 100-300 cm hoch windende Staude. Die trichterförmigen Blüten bestehen aus fünf verwachsenen Blütenblättern. Die Blätter sind herzförmig und stehen abwechselnd am Stängel.
Vorkommen/Standort Die Gewöhnliche Zaunwinde wächst in Auenwäldern und Röhrichten, aber auch an Zäunen und Wegrändern. Die Ackerwinde blüht weißrosa und wächst an Äckern und Wegrändern.
Wissenswertes Der Stängel windet sich links herum. Innerhalb von zwei Stunden macht er eine Umdrehung. Berühren die Bogentriebe den Boden, wurzeln sie wieder fest. Aus den Wurzelstücken entstehen neue Pflanzen.

Tipp für unterwegs

Bei einem Abendspaziergang kann man die Blüten nicht bewundern. Sie schließen sich bei Einbruch der Dunkelheit.

Weiße Seerose
Nymphaea alba   JUN–AUG

Merkmale 50-250 cm große Staude. Die rundlichen Schwimmblätter sind über lange Blattstiele mit einem Wurzelstock am Gewässergrund verbunden. Am Blattrand liegen die Blattnerven netzartig. Die Blütenblätter sind spiralig angeordnet und von vier grünen Kelchblättern umgeben.
Vorkommen/Standort Seerosen sind in mäßig nährstoffreichen Teichen und Seen sowie in nur langsam fließenden Gewässern mit humosen Schlammböden zu finden.
Wissenswertes Durchlüftungskanäle geben Auftrieb und versorgen die Wurzeln mit Sauerstoff. Verwilderte Kultursorten blühen rosa oder gelb. Seerosen sind geschützt und giftig.

Tipp für unterwegs

Tinktur oder Tee aus der Wurzel hilft gegen Borreliose. Die Blütenstände eignen sich für Trockensträuße.

Wilde Karde
Dipsacus fullonum (Syn.: *Dipsacus sylvestris*)   JUL–AUG

Merkmale 70–200 cm hohes zwei- oder mehrjähriges Kraut. Mit dem verzweigten, stacheligen Stängel sieht die Pflanze distelartig aus. Vierzipflige, lila Blüten umstehen die eiförmigen Blütenköpfe in einem Ring. Die elliptischen Blätter sind auf der Ober- und Unterseite rau und stehen einander gegenüber.
Vorkommen/Standort Die Wilde Karde ist an Ufern von Bächen und Flüssen sowie an Wegrändern und auf Schuttplätzen auf Lehmböden mit wechselnder Feuchte anzutreffen.
Wissenswertes Gegenüberstehende Blätter sind miteinander verwachsen und bilden tütenartige Mulden in denen sich Regenwasser sammelt.

Tipp für unterwegs

Die jungen Triebspitzen kann man als Wildkräutersalat zubereiten. Sie schmecken bitter und sind reich an Vitamin C.

Bachbungen-Ehrenpreis, Bachbunge
Veronica beccabunga   MAI–AUG

Merkmale 20–60 cm große Staude. Immer zwei längliche Blütenstände stehen einander an einem oft rötlichen Stängel gegenüber, ebenso die fleischigen, am Rand eingekerbten Blätter. Die vierzipfligen Blüten sind himmelblau. Die Früchte sind rundlich und unbehaart.
Vorkommen/Standort Die Bachbunge kommt in langsam fließenden Bächen und Gräben, Röhrichten, an Quellen und nassen Waldwegen vor. Sie ist eine Pionierpflanze auf nährstoffreichen überschwemmten Schlammböden.
Wissenswertes Die Bachbunge steht meist halb untergetaucht im Wasser und bietet Lebensraum für verschiedene Insektenlarven.

Den Insekten zeigen die gelben Schlundschuppen den Weg zu dem in der Blüte verborgenen Nektar.

Sumpf-Vergissmeinnicht
Myosotis scorpioides   MAI–SEP

Merkmale 10-100 cm hohe Staude. Vor dem Aufblühen sind die Blütenstände aufgerollt. Die himmelblauen Blüten haben in der Mitte einen Ring mit gelben Schlundschuppen. Die Haare am Blütenkelch stehen nicht ab. Die länglichen Blätter und die Stängel sind behaart.
Vorkommen/Standort Das Sumpf-Vergissmeinnicht kommt auf wechselnassen Böden an Gräben, Ufern, Nasswiesen und in Bruchwäldern vor.
Wissenswertes In der Sage fiel ein Ritter in den Fluss als er seiner Liebsten die blauen Blumen bringen wollte. Er warf ihr das Sträußchen zu und rief: „Vergiss mein nicht." bevor das Wasser ihn mitnahm.

Vorsicht: Die ganze Pflanze ist stark giftig! Die roten Früchte nicht essen!

Bittersüßer Nachtschatten
Solanum dulcamara   JUN–AUG

Merkmale 30-200 cm hoher Halbstrauch mit kletterndem, unten verholzendem Stängel. Die violetten Blüten ähneln Kartoffelblüten. Die Blätter haben zum Teil ein bis zwei kleinere Zipfel.
Vorkommen/Standort Der Bittersüße Nachtschatten wächst auf wechselnassen Böden an Grabenrändern und Flussufern, in Weidengebüschen, Röhrichten, Bruchwäldern und Waldschlägen.
Wissenswertes Alle Pflanzenteile enthalten Saponine und Alkaloide. Äußerlich verwendet man ihn als Heilpflanze bei Hautkrankheiten. Ein im Schlafzimmer aufgehängter Zweig soll Albträume vertreiben und gegen Schlafwandeln wirken.

Tipp für unterwegs

Bringen Sie Ihrem Wellensittich Blätter, Blüten und Samen mit. Besonders die Samen wird er mögen.

Vogel-Wicke
Vicia cracca   JUN–AUG

Merkmale 30-120 cm hohe Staude. Die blauvioletten Blüten stehen in einem lang gestielten Blütenstand untereinander. Die Blätter sind aus schmalen Blättchenpaaren zusammengesetzt mit einer verzweigten Ranke an der Spitze. Die ganze Pflanze ist meist anliegend behaart.
Vorkommen/Standort Die Vogel-Wicke ist auf Nasswiesen und -weiden sowie an Flussufern, Wald- und Gebüschrändern zu finden auf frischen Lehm- und Tonböden.
Wissenswertes Seit der jüngeren Steinzeit begleitet die Vogel-Wicke unsere Kultur. Weil sie tief wurzelt und unterirdische Ausläufer treibt, war sie ein schwer zu bekämpfendes Ackerwildkraut.

Tipp für unterwegs

Fällt ein Regentropfen auf den Kelch, klappt er zu und schleudert beim Öffnen die Früchte heraus.

Gemeines Helmkraut
Scutellaria galericulata   JUN–SEP

Merkmale 10-40 cm hohe Staude. Die blauvioletten Blüten haben auf der Unterlippe einen weißen Fleck. In den Blattachseln der leicht gezähnten, sich gegenüberstehenden Blätter stehen immer zwei Blüten zusammen. Nach oben werden die Blätter immer kleiner. Der Stängel ist vierkantig.
Vorkommen/Standort Das Sumpf-Helmkraut wächst an Gräben und Ufern, in nassen, zeitweilig überfluteten Wiesen und Bruchwäldern.
Wissenswertes Das Gewöhnliche Helmkraut breitet sich über oberirdische Ausläufer aus. Die vom Wasser verbreiteten Samen benötigen einen Kältereiz zur Keimung.

Kelch mit Früchten

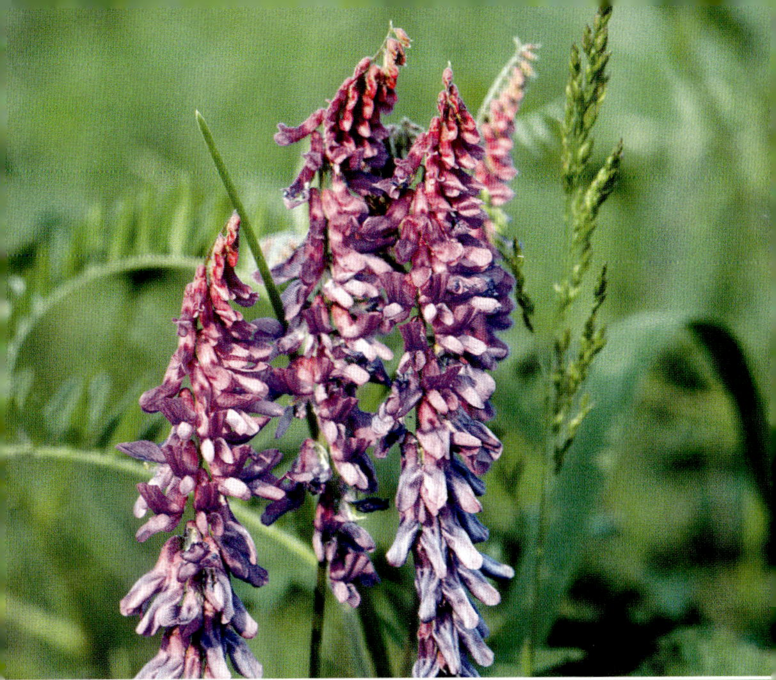

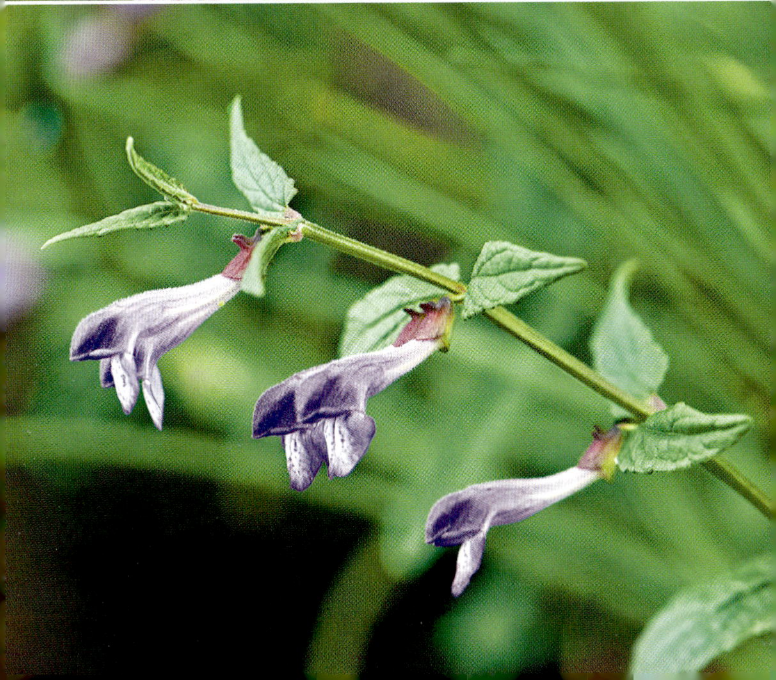

Gelbe Teichrose
Nuphar lutea — JUN–AUG

Merkmale 50-250 cm große Staude. Die gelbe Blüte besitzt keine Kelchblätter. Die Blattadern der Schwimmblätter mit herzförmigem Blattgrund sind nicht netzartig verbunden. Lange Blattstiele reichen bis zum armdicken Wurzelstock am Grund. Die Frucht ist krugförmig und zerfällt in mehrere Teilstücke.

Vorkommen/Standort Die Gelbe Teichrose kommt in bis zu 6 m tiefen Teichen und Seen und in langsam fließenden Gewässern mit Sand- und Kiesböden vor.

Wissenswertes Am Grund befinden sich immergrüne, salatblattartige Blätter. Teilstücke der Frucht werden vom Wasser verbreitet oder von Fischen und Vögeln gefressen.

Seekanne
Nymphoides peltata — JUL–AUG

Merkmale 80-150 cm große Staude. Die Blätter der Schwimmpflanze sind rundlich und seerosenartig. Ihre Stängel fluten im freien Wasser. Die gelben, fünfzipfligen Blüten sind am Rand gewellt und ausgefranst. Die Samen sind sehr flach und am Rand ebenfalls fransig.

Vorkommen/Standort Die Seekanne ist zwar selten, bildet aber große Bestände in flachen, stehenden oder langsam fließenden Altwässern mit 50-150 cm Tiefe.

Wissenswertes Die langlebigen Samen schwimmen auf der Wasseroberfläche und bleiben an Wasservögeln hängen. Wenn die Tiere wieder ins Wasser gehen, schwimmen die Samen weiter.

Sumpf-Dotterblume
Caltha palustris — APR–JUN

Merkmale 15-30 cm hohe Staude. Die fünf Blütenblätter der Sumpfpflanze glänzen fettig. Die dunkelgrün glänzenden Blätter sind herz- oder nierenförmig mit gekerbtem Rand. Die einzelnen Früchte öffnen sich an einer Naht und bilden einen sternförmigen Fruchtstand.

Vorkommen/Standort Die Sumpf-Dotterblume wächst in Sumpfwiesen, an Quellen, Bächen und Grabenrändern auf nassen, zeitweise überschwemmten Böden sowie in Bruch- und Auenwäldern.

Wissenswertes Die Sumpf-Dotterblume ist giftig. Weidevieh meidet die scharf schmeckende Pflanze. Ihre Knospen verwendete man früher als Kapernersatz.

Tipp für unterwegs

Die Blätter können gesammelt und als Tee verwendet werden.

Gewöhnlicher Gilbweiderich
Lysimachia vulgaris JUN–AUG

Merkmale 50-150 cm hohe Staude. Die gelben Blüten des pyramidenförmigen Blütenstandes haben fünf ovale Blütenblätter. Die Blätter stehen zu dritt in Quirlen an dem verzweigten, kurzhaarigen Stängel.
Vorkommen/Standort Der Gewöhnliche Gilbweiderich kommt an Quellen und Grabenrändern, in Auenwäldern, Weidengebüschen und moorigen Wiesen vor.
Wissenswertes Mit seinen tief in den Boden reichenden Wurzeln und unterirdischen Ausläufern trägt der Gilbweiderich zur Befestigung des Bodens bei. Gerbstoffe und Saponine bewirken die blutstillende und schleimlösende Wirkung des Tees.

Tipp für unterwegs

Aus den Blättern kann man Salate und Wildgemüse zubereiten. Als Tee wirkt es krampflösend.

Gänse-Fingerkraut
Potentilla anserina MAI–AUG

Merkmale 10-20 cm hohe Staude mit bis 1 m langen oberirdischen Ausläufern. Die gelben Blüten sind einzeln an langen Stielen. Die Blätter der Rosette sind seidig-weißfilzig behaart und aus großen und kleinen Blättchenpaaren mit gezähntem Rand zusammengesetzt.
Vorkommen/Standort Das Gänse-Fingerkraut wächst an Ufern, Weg- und Straßenrändern. Auch in Dörfern, Äckern und Weiden kommt es auf Lehm- und Tonböden vor.
Wissenswertes Seinen Namen erhielt das Gänse-Fingerkraut, weil es eine typische Pflanze der Gänseweiden war. Die nährstoffreichen Böden waren durch den Tritt der Gänse stark verdichtet.

Tipp für unterwegs

In den Blüten kann man Fliegeneier entdecken. Die geschlüpften Larven bestäuben die Blüten.

Trollblume
Trollius europaeus MAI–JUN

Merkmale 30-60 cm hohe Staude. Die gelben Blütenblätter neigen sich kugelig zusammen. An der Spitze des Stängels befindet sich meist nur eine Blüte. Blätter sind handförmig geteilt und scharf gezähnt.
Vorkommen/Standort Die Trollblume wächst vor allem im Gebirge in Flachmooren und feuchten Wiesen mit mäßig nährstoffreichen Lehm- und Tonböden.
Wissenswertes Drei Fliegenarten legen ihre Eier in die Blüte. Die Larven bestäuben die Blüte und fressen an den Früchten. Die Trollblume ist geschützt und enthält giftiges Protoanemonin. „Troll" bedeutet althochdeutsch kugelrund.

Tipp für unterwegs

Die Riesen-Goldrute ist im Gegensatz zur kanadischen Goldrute unbehaart.

behaarter Stängel

Kanadische Goldrute
Solidago canadensis   AUG–OKT

Merkmale 50-250 cm hohe Staude. Die Äste des Blütenstandes tragen goldgelbe, nach oben gerichtete Blütenkörbchen. Die schmalen, am Rand gezähnten Blätter sitzen abwechselnd an dem kurzhaarigen Stängel. Der Wurzelstock treibt Ausläufer.
Vorkommen/Standort Die Kanadische Goldrute kommt in lichten Auenwäldern, an Ufern und auf Schuttflächen vor auf nährstoffreichen Ton- und Lehmböden.
Wissenswertes Die Goldrute stammt aus Nordamerika. Sie wurde in Deutschland als Zierpflanze oder Bienenweide angepflanzt. Sie verwilderte und breitet sich über Flugsamen und als Wurzel-Kriechpionier stark aus.

Tipp für unterwegs

Im Unterschied zum Wiesen-Pippau sind beim Sumpf-Pippau die Flughaare der Früchte zu Pulver zerreibbar.

Sumpf-Pippau
Crepis paludosa   JUN–AUG

Merkmale 40-80 cm hohe Staude. Die löwenzahnähnlichen Blätter bilden am Boden eine Rosette. Die ungestielten Stängelblätter umfassen den verzweigten Stängel mit nach unten gerichteten Spitzen. Die Hüllblätter unter den gelben Blütenkörbchen sind behaart. Die Früchte tragen einen weißen Haarkranz.
Vorkommen/Standort Der Sumpf-Pippau wächst in Nasswiesen, an Quellen, Bächen und in Gebirgsflüsse begleitenden Grauerlenwäldern.
Wissenswertes Die Blüten werden von Bienen und Fliegen bestäubt. Die Flughaare an den Früchten unterstützen die Windausbreitung.

Tipp für unterwegs

Die Wasser-Schwertlilie ist giftig. Alle Schwertlilien sind geschützt, daher bitte nicht pflücken. Die Sibirische Schwertlilie (*Iris sibirica*) blüht blauviolett.

Wasser-Schwertlilie
Iris pseudacorus   MAI–JUN

Merkmale 50-100 cm hohe Staude. Die aufrechten Blätter sind schwertförmig mit parallelen Blattnerven. Sie treiben aus einem kriechenden Wurzelstock. Die gelben, am Grund dunkler geaderten Blütenblätter besitzen keinen bürstenähnlichen Haarstreifen.
Vorkommen/Standort Die Wasser-Schwertlilie ist an Ufern von Gräben, Bächen und Teichen sowie in Röhrichten, Sümpfen und Bruchwäldern auf überschwemmten Böden anzutreffen.
Wissenswertes Der Wurzelstock der giftigen, hellviolett blühenden Deutschen Schwertlilie wird traditionell als Veilchenwurzel bei Zahnungsbeschwerden von Säuglingen eingesetzt.

Tipp für unterwegs

Man kann sich gut vorstellen, wie vor Millionen Jahren „Schachtelhalm-Bäume" ausgedehnte Wälder bildeten.

Riesen-Schachtelhalm
Equisetum telmateia   APR–MAI

Merkmale 50-200 cm hohe Staude. In den Ähren 50 cm hoher Sprosse mit trichterförmigen Scheiden werden Sporen gebildet. Die unfruchtbaren Sprosse sind elfenbeinweiß und hohl mit dunkel gezähnten Stängelscheiden. Die dünnen Seitensprossen stehen in Etagen übereinander.
Vorkommen/Standort Den Riesen-Schachtelhalm findet man an schattigen Quellen, Flachmooren sowie an Bach- und Grabenrändern auf sickernassen Tonböden.
Wissenswertes Die fruchtbaren Sprosse sterben nach der Sporenreife ab. Dann treiben die großen, unfruchtbaren Sprosse aus.

Tipp für unterwegs

Die Unterwasserwälder lassen sich besonders gut vom Boot aus oder beim Tauchen beobachten.

Raues Hornblatt
Ceratophyllum demersum   JUN–SEP

Merkmale 30-80 cm lange Staude. Die schmalen Blätter der wurzellosen, untergetauchten Wasserpflanze sind in Quirlen um den Stängel angeordnet. Die geweihförmig gegabelten Blätter haben bis zu vier stachlig gezähnte Zipfel. Aus den Sprossenden entstehen neue Pflanzen.
Vorkommen/Standort Das Raue Hornblatt kommt in Teichen, Seebuchten und langsam fließenden Altwässern vor mit nährstoffreichem, 0,5-10 m tiefem Wasser.
Wissenswertes Zur Bestäubung lösen sich die Staubblätter ab und treiben an die Wasseroberfläche. Die reifen Pollen werden vom Wasser zu den Narben der weiblichen Blüten transportiert.

Tipp für unterwegs

Tannenwedel finden sich im Wasser, unter Wasser und an Land.

weibliche Blüte

Tannenwedel
Hippuris vulgaris   MAI–AUG

Merkmale 10-50 cm hohe Staude; Wasserformen werden über 100 cm lang. Aus unterirdischen Ausläufern treiben steife, tannenähnliche Stängel. Die schmalen, nadelförmigen Blätter stehen in Quirlen übereinander. Unter Wasser sind die Blätter länger und weniger derb.
Vorkommen/Standort Der Tannenwedel wächst auf Schlammböden in langsam fließenden Bächen, Gräben und Teichen bis 5 m Tiefe. Das Wasser ist meist kalkhaltig und sauber.
Wissenswertes Der Tannenwedel ist geschützt. In sumpfigen Böden kommt die Landform vor. Die Früchte schwimmen nicht. Sie werden von Seevögeln gefressen und so weit verbreitet.

Wasserpest kann man sammeln und als Süßwasseraquarienpflanze verwenden.

Kanadische Wasserpest
Elodea canadensis   JUN–SEP

Merkmale 30-60 cm große Staude. Immer drei Blätter stehen in Quirlen am Stängel der untergetauchten Wasserpflanze übereinander. Lange Blütenstiele heben einzelne weiße Blüten mit drei Blütenblättern an die Wasseroberfläche.
Vorkommen/Standort Die Kanadische Wasserpest kommt in großen Gruppen in ruhigen bis zu 5 m tiefen Seebuchten, Tümpeln und langsam fließenden Gräben und Flüssen vor.
Wissenswertes 1836 kam die Kanadische Wasserpest nach Europa und wurde 1859 vom Botanischen Garten Berlin ausgesetzt. Sie breitet sich sehr schnell über Sprossfragmente aus und ist problematisch für die Schifffahrt.

Tipp für unterwegs

Die Pflanze ist gut zu erkennen an der ledrigen wasserabweisenden Oberfläche der Schwimmblätter.

Schwimmendes Laichkraut
Potamogeton natans   JUN–AUG

Merkmale 60-150 cm große Staude mit grünlichen Blütenähren und unterirdischen Ausläufern. Die ovalen Schwimmblätter sind lang gestielt. Die schmalen Tauchblätter sterben bald ab. Alle Blätter haben zusätzlich eine spitze Blattscheide am Blattstiel.
Vorkommen/Standort Das Schwimmende Laichkraut kommt in Weihern, Tümpeln, stillen Seebuchten und Altwässern vor. Es wächst häufig mit anderen Schwimmblattpflanzen in 50-600 cm tiefem Wasser mit humosen Schlammböden.
Wissenswertes Die Tauchblätter bestehen nur aus dem Blattstiel. Die Wurzelstöcke wurden früher an Schweine verfüttert oder als Ackerdünger genutzt.

Tipp für unterwegs

Wasserlinsen sind die kleinsten Blütenpflanzen überhaupt.

Kleine Wasserlinse, Entengrütze
Lemna minor   MAI–JUN

Merkmale 0,2-0,6 cm große Staude. Ovale oder eiförmige Sprossglieder hängen häufig aneinander und bedecken die Wasseroberfläche. Selten erscheint eine grüne Blüte in einer Randspalte der Sprossglieder.

Vorkommen/Standort Die Kleine Wasserlinse ist auf stehenden und langsam fließenden, windgeschützten Seen, Teichen und Gräben mit nährstoffreichem Wasser anzutreffen.

Wissenswertes Verbreitet werden Wasserlinsen durch Anhaften an Wasservögeln und Wasserströmungen. Die vielwurzelige Teichlinse hat an jedem Sprossglied ein Wurzelbüschel. Jedes Sprossglied der Kleinen Wasserlinse hat genau eine Wurzel. Die Zwergwasserlinse ist wurzellos. Manchmal ist ein Teich mit einem fast undurchdringlichen grünen Teppich bedeckt. Einmal im Gartenteich wird man sie nicht wieder los

Sprossglieder mit je einer Wurzel

Tipp für unterwegs

Die runden stacheligen Früchte sehen tatsächlich aus wie kleine Igel.

Ästiger Igelkolben
Sparganium erectum   JUN–AUG

Merkmale 30-150 cm hohe Staude. Die aufrechten Blätter sind im unteren Teil dreikantig. Im oberen Teil des verzweigten Blütenstandes befinden sich die kugeligen, männlichen Blütenköpfchen. Weiter unten sind die stacheligen Kugeln der weiblichen Blütenköpfchen. Die Blüten werden vom Wind bestäubt. Deshalb bestehen die männlichen Blüten nur aus drei Staubblättern und sind nicht von Blättern umgeben.

Vorkommen/Standort Der Aufrechte Igelkolben wächst im Uferröhricht stehender oder langsam fließender, nährstoffreicher Gewässer bis in 50 cm Tiefe auf meist kalkhaltigen Schlammmböden.

Wissenswertes Über unterirdische Ausläufer und Sprossknollen breitet sich der aufrechte Igelkolben als Verlandungspionier im Wasser aus. Die schwimmenden Früchte werden vom Wasser verbreitet oder von Tieren gefressen.

Tipp für unterwegs

Die Pflanze ist wirklich unscheinbar und wird daher häufig übersehen.

Geflügelte Braunwurz
Scrophularia umbrosa   JUN–SEP

Merkmale 50-130 cm hohe Staude. An dem vierkantigen Stängel laufen breite Flügel herab. Die gezähnten Blätter sitzen einander gegenüber. Die rotbraunen Blüten sind auf der Unterseite grünlich-gelb. Sie stehen in einem verzweigten Blütenstand. Die Früchte sind kugelförmig. Der Stängel der Knotigen Braunwurz (*Scrophularia nodosa*) ist ungeflügelt und scharf vierkantig. Ihre zerriebenen Blätter riechen unangenehm.
Vorkommen/Standort Die Geflügelte Braunwurz ist in Bachröhrichten, an langsam fließenden Gräben und Ufern sowie in Bruch- und Auenwäldern zu finden auf flach überfluteten, nährstoffreichen, meist kalkhaltigen Schlammböden.
Wissenswertes Die Flügel am Stängel tragen zur Stabilität und Flexibilität des Stängels bei. Die Blüten werden von Wespen bestäubt.

Tipp für unterwegs

Der Stängel der Flatterbinse enthält weißes Mark, das früher als Lampendocht verwendet wurde.

Flatterbinse
Juncus effusus   JUN–AUG

Merkmale 30-150 cm hohe Staude. Die runden Stängel sind grasgrün, glatt und glänzend. Sie enden in einer Spitze. Die Blüten stehen in einem lockeren Blütenstand im oberen Teil des Stängels. Die spitzen Blütenblätter haben einen weißlichen Rand.
Vorkommen/Standort Die Flatterbinse kommt an Ufern und Gräben, in feuchten bis nassen Wiesen und Weiden, an Wegen und in Waldschlägen auf kalkarmen Böden vor. Sie zeigt Nässe und Störungen durch Bodenverdichtung an.
Wissenswertes Die Blaugrüne Binse wächst an ähnlichen Standorten. Ihr Stängel ist außen längs gerieft. Innen ist das Mark durch Querwände gekammert.

Tipp für unterwegs

Die Wald-Simse ist ein guter Bodendecker. Ihre Wurzeln können sich auch gegen die von Gehölzen durchsetzen.

Wald-Simse
Scirpus sylvaticus MAI–JUL

Merkmale 30-100 cm hohe Staude. Die Stängel sind im Querschnitt stumpf dreikantig. Die hellgrünen Blätter sind am Rand rau und reichen bis unter den reich verzweigten Blütenstand, in dem immer mehrere eiförmige Ährchen zusammen sitzen. Der dreikantige Stängel ist typisch für Sauergräser. Die Wald-Simse bildet durch unterirdische Ausläufer lockere Rasen.
Vorkommen/Standort Die Wald-Simse kommt in Gräben, nassen Wiesen, Bruch- und Auenwäldern vor auf eher nährstoffarmen, sauren Böden.
Wissenswertes Die Blüten der Wald-Simse werden vom Wind bestäubt. Früher wurde sie als Flechtmaterial und zur Einstreu in Ställen verwendet. Ein hoher Kieselsäuregehalt und raue Blätter machen sie zu schlechten Futterpflanzen.

Tipp für unterwegs

Die nah verwandte Salz-Teichsimse ist eine Verlandungspflanze in Brackwasser. Ihre Blüten haben zwei Narbenäste.

Gewöhnliche Teichsimse
Schoenoplectus lacustris MAI–JUL

Merkmale 80-300 cm hohe Staude. Die dunkelgrünen Stängel sind rund mit einem stängelähnlichen Blatt an der Spitze, wodurch der Blütenstand scheinbar seitlich entspringt. Rotbraune, eiförmige Ährchen an unterschiedlich langen Stielen enthalten unscheinbare Blüten mit je drei Narbenästen (Lupe!).
Vorkommen/Standort Die Gewöhnliche Teichsimse bildet Röhrichte an bis zu 6 m tiefen Ufern und in langsam fließenden Gräben.
Wissenswertes Früher nutzte man die Gewöhnliche Teichsimse als Flechtmaterial. Heute ist sie bei der biologischen Reinigung von Abwässern in Pflanzenkläranlagen von Bedeutung.

Tipp für unterwegs

In günstigen
Jahren blüht
das Scheidige
Wollgras auch ein
zweites Mal im
September.

Scheidiges Wollgras
Eriophorum vaginatum   MÄR–APR

Merkmale 30-60 cm hohe Staude. An der Spitze drei-
kantiger, rauer Stängel stehen einzelne, ovale Ähren, die
zur Fruchtreife als weiße, wollige Haarbüschel erscheinen. Das obere Stängelblatt ist bräunlich und umgibt den
Stängel als breite, trichterförmige Röhre.
Vorkommen/Standort Das Scheidige Wollgras wächst in
Hochmooren sowie in Moorheiden, Kiefern- und Birken-
mooren auf nassen, nährstoff- und basenarmen, sauren
Torfböden.
Wissenswertes Der Wind verbreitet die von weißen Haaren umgebenen Früchte. Die faserigen Blattscheiden
bleiben während der Torfbildung in Mooren erhalten und
sind in weißtorfhaltigen Blumenerden wieder zu finden.
Die Haare von Wollgräsern nahm man früher als Füllung
für Kissen oder sie dienten als Ersatz für Watte.

Tipp für unterwegs

Jung geschnitten
ist Rohr-Glanzgras
ein gutes Futter-
gras und Heu für
Pferde.

Rohr-Glanzgras
Phalaris arundinacea   JUN–JUL

Merkmale 80-250 cm hohe Staude. Die unbehaarten
Blätter sind bis über 15 mm breit, an aufrechten, rohrarti-
gen Halmen. Auf der untersten Stufe im Blütenstand
zweigen zwei Äste ab. Die länglichen Blütenknäuel sind
bleichgrün bis rötlichweiß.
Vorkommen/Standort Das Rohr-Glanzgras bildet große
Bestände in Uferröhrichten schnell fließender Bäche und
Seen mit stark schwankenden Wasserständen auf küh-
len, sickernassen, nährstoff- und basenreichen, kiesigen
Böden.
Wissenswertes Am Übergang vom Blatt zum Stängel
befindet sich ein 4-6 mm langes, weißes Blatthäutchen
mit glattem Rand. Mit Kriechwurzeln befestigt Rohr-
Glanzgras den Boden und schützt vor Erosion, wenn
Hochwasser die Halme ans Ufer drückt.

Tipp für unterwegs

Schilf enthält viel Silizium, einen der Grundstoffe für Silikon. Silizium ist schwer entflammbar und wasserresistent. Es ist elastisch und stabil und wird deshalb nicht von Tieren als Nahrung genommen.

Schilf
Phragmites australis   JUL–SEP

Merkmale 100-400 cm hohe Staude. Die blaugrünen Blätter sind 2-5 cm breit und überhängend. Der Verzweigte Blütenstand wird über 30 cm lang. Am Übergang der Blattspreite in den Stängel umfassenden Teil des Blattes befindet sich ein Kranz aus kurzen Haaren.
Vorkommen/Standort Schilf bildet flächendeckende Röhrichte in stehenden oder langsam fließenden Gewässern bis 1 m Tiefe. Es wächst auch in Feuchtwiesen, Bruch- und Auenwäldern auf nassen, mäßig nährstoff- und basenreichen Schlammböden.
Wissenswertes Schilfröhrichte sind sehr arm an Pflanzenarten, bieten jedoch Lebensraum für zahlreiche Vogel- und Insektenarten. Der trockene Blütenstand bleibt den Winter über stehen. Bei der Verlandung eines Sees trägt Schilf zur Torfbildung bei.

Tipp für unterwegs

Beim seltenen Schmalblättrigen Rohrkolben sind die männlichen und weiblichen Blütenkolben durch einen Abstand getrennt.

Breitblättriger Rohrkolben
Typha latifolia   JUL–AUG

Merkmale 100-200 cm hohe Staude. Die blaugrünen, aufrechten Blätter sind 1-2 cm breit und stehen abwechselnd in einer Ebene. Der dünne männliche Blütenkolben befindet sich ohne Abstand über dem braunen, weiblichen Blütenkolben. Beide sind gleich lang.
Vorkommen/Standort An Ufern von Teichen und Seen sowie in langsam fließenden Gräben kommt der Breitblättrige Rohrkolben im Röhricht auf nährstoffreichen Schlammböden bis in 1 m Tiefe vor.
Wissenswertes Der Breitblättrige Rohrkolben ist mit seinen Kriechsprossen an der Verlandung von Seen beteiligt und trägt zur Torfbildung bei.

In der Stadt

Auch in Siedlungen und Städten gibt es eine Menge Pflanzen zu entdecken, die sich gut an diese Lebensbedingungen angepasst haben. Sie besiedeln verschiedenste Standorte. Pflaster- und Mauerritzen, Wegränder und Böschungen sind häufig etwas trockenere und wärmere Standorte. In Gärten, Parkanlagen und auf Friedhöfen herrschen oft waldähnliche Bedingungen.

Zottiges Weidenröschen
Epilobium hirsutum S. 106

Diese Blume wächst an Gräben und auf feuchten Stellen. Dort breitet sie sich aus, und kommt oft in größeren Gruppen vor. Die rosa Blüte besitzt eine helle, vierteilige Narbe.

Große Klette
Arctium lappa S. 126

Die Große Klette begleitet seit der jüngeren Steinzeit menschliche Siedlungen. Bis heute wächst sie auf Schuttplätzen, Bahnanlagen, an Wegrändern und Zäunen.

Acker-Kratzdistel
Cirsium arvense S. 126

Die Acker-Kratzdistel kommt häufig an Wegen und Schuttplätzen vor. Sie zeigt Nährstoffreichtum und Lehm an. Die Wurzeln reichen bis 280 cm in den Boden.

Gewöhnliche Kratzdistel
Cirsium vulgare S. 68

Die Blattrosette ist dornig und behaart. Im zweiten Sommer blühen purpurne Röhrenblüten an einem ebenfalls dornigen Stängel. Sie blüht an frischen Wegrändern und Schuttflächen.

Stechender Hohlzahn
Galeopsis tetrahit   S. 78

Der Stechende Hohlzahn findet sich
an Wegrändern, Zäunen und auf
Schuttplätzen. Die rosa bis weißen
Blüten haben eine gelb-purpurn
gemusterte Unterlippe.

Pfeilkresse
Cardaria draba

Im Frühling bedecken weiße Blü-
tenwolken der Pfeilkresse trockene,
warme und nährstoffreiche
Böschungen und Verkehrsinseln.
Die gezähnten Blätter sitzen direkt
am Stängel.

Kletten-Labkraut
Galium aparine   S. 20

Das Kletten-Labkraut überwuchert
mit seinen rauhen Trieben andere
Pflanzen. Auch Blätter und Früchte
besitzen klettverschlussartige Häkchen zur Unterstützung der Ausbreitung.

Gewöhnliche Vogelmiere
Stellaria media   S. 132

Die Gewöhnliche Vogelmiere
begleitet uns seit der jüngeren
Steinzeit. Ihre langlebigen und
zahlreichen Samen keimen an
Wegen, Schuttplätzen, in Gärten
und Blumentöpfen.

Giersch
Aegopodium podagraria   S. 24

Giersch wächst immer in größeren Gruppen im Halbschatten feuchter Gärten und in der Nähe von Gewässern. Schon aus kleinen Abschnitten seiner unterirdischen Ausläufer entstehen neue Pflanzen.

Wilde Möhre
Daucus carota   S. 84

Die Wilde Möhre ist an warmen, etwas trockenen Wegrändern und an Böschungen zu finden. Besonders auffällig sind die weißen Blütendolden im Hochsommer.

Echte Zaunwinde
Calystegia sepium   S. 138

Die Gewöhnliche Zaunwinde ist eine bis zu 70 cm tief wurzelnde Pionierpflanze. Sie breitet sich an Zäunen und Wegrändern über Triebe, Wurzelstücke und Samen aus.

Ausdauerndes Gänseblümchen
Bellis perennis   S. 84

Die kleinen, weißen Blüten sind fast ganzjährig auf häufig gemähten Rasen in Gärten und Parks zu sehen. Das Gänseblümchen ist optimal an Mahd angepasst.

Kanadisches Berufkraut
Conyza canadensis S. 78

Das bis über 100 cm hohe Kanadische Berufkraut ist an Wegen, Bahndämmen und auf Brachflächen anzutreffen. Die gelblichweißen Blüten blühen von Juli bis Oktober.

Weiß-Klee
Trifolium repens S. 86

Der Weiß-Klee breitet sich in häufig betretenen und gemähten Rasen der Gärten und Parks aus. Die Blüten sind sehr nektarreich und somit attraktiv für Bienen. Vorsicht beim Barfußlaufen!

Weiße Taubnessel
Lamium album

Die Weiße Taubnessel mit ihren charakteristischen Lippenblüten wächst an Wegrändern und Gräben. Blätter und Stängel erinnern an die Brennnessel, besitzen jedoch keine Brennhaare.

Wilde Karde
Dipsacus fullonum S. 140

Die lila Blüten der distelartigen Wilden Karde stehen in einem wandernden Ring um die stacheligen Blütenköpfe. Eine Pfahlwurzel verankert sie an Wegrändern, Schuttstellen und auf Dämmen.

Faden-Ehrenpreis
Veronica filiformis

Der Faden-Ehrenpreis blüht lilablau von März bis Mai an fadenähnlichen Blütenstielen. In häufig gemähten Parkrasen breitet er sich durch bewurzelnde Sprossstücke aus.

Zweiblättriger Blaustern
Scilla bifolia S. 36

Der Zweiblättrige Blaustern ist eine Waldart. In schattigen Parkanlagen findet man im Frühling meist den Sibirischen Blaustern oder den geschützten Schönen Blaustern. Beide sind giftig.

Gewöhnlicher Natternkopf
Echium vulgare S. 92

Die rosa-blau blühende Pflanze ist borstig behaart. Sie kommt an Wegrändern, Bahnanlagen, Häfen und auf Schuttflächen auf trockenen und sonnigen Standorten vor.

Kleine Braunelle
Prunella vulgaris S. 94

Die Kleine Braunelle besiedelt rasch offene Bodenstellen und verträgt auch häufiges Mähen. Die klebrigen Samen bleiben leicht an Schuhsohlen haften und werden so verbreitet.

Kriechender Hahnenfuß
Ranunculus repens   S. 100

Der Kriechende Hahnenfuß wächst
in Gärten und Brachen auf feuchten, lehmigen und auch an zeitweise überschwemmten Stellen. Im
feuchten Rasen zeigt er Störungen
(z.B. Fahrspuren) an.

Schöllkraut
Chelidonium majus   S. 38

Schöllkraut ist ein Kulturbegleiter.
Es kommt an halbschattigen, nährstoffreichen Wegrändern, Mauern
und Zäunen vor. Der orangegelbe
Milchsaft enthält giftige Alkaloide.

Echte Nelkenwurz
Geum urbanum   S. 40

Die Blattrosetten der Echten Nelkenwurz sind an schattigen Wegrändern, Zäunen und Mauern zu
finden. Ihre klettenartigen Früchte
bleiben mit kleinen Häkchen an der
Kleidung hängen.

Gänse-Fingerkraut
Potentilla anserina   S. 148

Das gelb blühende Gänse-Fingerkraut verträgt auch Salz. Es breitet
sich entlang von Straßen aus, auf
denen im Winter Salz gestreut wird.
Seine Blättchen sind auf der Unterseite behaart.

Pastinak
Pastinaca sativa

Die gelben Blüten des 30-100 cm
hohen, zweijährigen Krautes mit
gefurchtem Stängel erscheinen von
Juli-September. Es wächst an lehmigen Wegrändern, Böschungen
und Bahngeländen.

Kanadische Goldrute
Solidago canadensis   S. 150

Die Kanadische Goldrute bildet an
Wegrändern, Schuttplätzen, Bahnanlagen und brachliegenden Flächen dichte Bestände und wird
auch über Gartenabfälle weiter verbreitet.

Rainkohl
Lapsana communis   S. 42

Der Gemeine Rainkohl ist ein Kulturbegleiter und kommt häufig in
der Nähe von Siedlungen vor. Er
bevorzugt halbschattige Straßen-
ränder, Gärten und Zäune.

Wiesen-Löwenzahn, Kuhblume
Taraxacum officinale   S. 106

Der trittverträgliche Wiesen-
Löwenzahn kommt nicht nur auf
nährstoffreichen Ruderalstellen wie
Weg- und Straßenrändern, Brachen
und Ödland, sondern auch in
Parkrasen vor.

Wald-Gelbstern
Gagea lutea   S. 44

In schattigen Parkanlagen mit
sickerfeuchten, nährstoffreichen
Lehm- und Tonböden sind die gelbgrünen Blüten des giftigen Wald-
Gelbsterns zu finden.

Große Brennnessel
Urtica dioica   S. 110

Brennnesseln zeigen nährstoffreiche Standorte an. Die Große Brennnessel wächst an Wegen, Zäunen
und Schuttplätzen. In Gärten und
Äckern findet man die Kleine
Brennnessel.

Breit-Wegerich
Plantago major   S. 112

Der Breit-Wegerich ist trittfest und
salztolerant. Er kommt mit den
Lebensbedingungen auf viel betretenen Rasen, an Wegrändern und in
Pflasterfugen zurecht.

Efeu
Hedera helix   S. 56

Efeu gehört zu den Lianen und ist
giftig. Er klettert mit seinen Haftwurzeln an Mauern und Bäumen
empor oder kriecht in schattigen
Parkanlagen und Gärten auf frischen Lehmböden.

Bäume und Sträucher

Bäume und Sträucher sind Holzpflanzen, die im Frühling aus Knospen an Ästen und Zweigen wieder austreiben. Nicht immer sind zur Blütezeit auch schon Blätter vorhanden. Bei windbestäubten Arten wie Weide und Hasel sind Blätter zu diesem Zeitpunkt eher hinderlich. Im Herbst färben sich die Blätter bunt und Früchte erleichtern die Bestimmung.

Rot-Buche
Fagus sylvatica   APR–MAI

Die bis zu 40 m hohe Rot-Buche hat
eine glatte, graue Rinde. Mit den
kugeligen Blütenständen erscheinen lang gewimperte, wellige Blätter. Bucheckern sind in großen
Mengen giftig.

Gewöhnlicher Seidelbast
Daphne mezereum   MÄR–APR

Der 0,4–1,20 m hohe Strauch ist
geschützt und giftig. Die stark duftenden, vierzipfligen rosa Blüten
erscheinen zu dritt vor den länglichen Blättern. Seidelbast wächst in
Wäldern mit Kalkböden.

Gewöhnliche Rosskastanie
Aesculus hippocastanum   MAI–JUN

Der bis 20 m hohe Park- und Straßenbaum ist giftig. Klebrige Winter-
knospen treiben handförmige Blätter. Die weißen Blüten haben gelbe,
nach der Bestäubung rote Flecken.

Gewöhnliches Pfaffenhütchen
Euonymus europaea   MAI–JUN

Der 1,5–3 m hohe Strauch ist stark
giftig und kommt in feuchten Wäldern, Hecken und Gebüschen vor.
Aus vierzipfligen, weißen Blüten
entstehen rosa Früchte mit orange-
rotem Samenmantel.

Gewöhnliche Waldrebe
Clematis vitalba JUN–AUG

Die Waldrebe klettert in lichten Wäldern und Gebüschen mit den Blattstielen der aus Teilblättchen zusammengesetzten Blätter bis 10 m hoch. Die Früchtchen bilden fedrige Kugeln.

Himbeere
Rubus idaeus MAI–JUN

Der 0,6–2 m hohe Strauch wächst auf Lichtungen und Waldschlägen. Die Stängel sind mit kurzen, dunklen Stacheln besetzt. Aus weißen Blüten entstehen hohle rote Früchte.

Brombeere
Rubus fruticosus agg. MAI–AUG

Die bis 4 m langen, stacheligen Stängel mit weißen Blüten, schmackhaften schwarzen Beeren und wintergrünen Blättern findet man in Gebüschen, Waldrändern und Waldschlägen.

Eingriffliger Weißdorn
Crataegus monogyna MAI–JUN

Der 2–10 m hohe Strauch oder Baum wächst in Hecken und Gebüschen. Aus weißen Blüten mit fünf Blütenblättern entstehen rote, kugelige Früchte. Weißdorn hilft bei Herz-Kreislauf-Erkrankungen.

Schlehe, Schwarzdorn
Prunus spinosa   APR–MAI

Der sparrige, 1–3 m große Strauch
bildet dichte Gebüsche und Hecken.
Nach weißen Blüten erscheinen fein
gezähnte Blätter. Die kugeligen,
blauen Früchte sind bereift und
schmecken herb.

Vogel-Kirsche, Süß-Kirsche
Prunus avium   APR–MAI

Der 2–25 m hohe Baum wächst in
feuchten Wäldern, Waldschlägen
und Hecken, aber auch als Obst-
baum mit roten Steinfrüchten. Er
blüht vor dem Blattaustrieb mit weißen Blüten.

Gewöhnliche Traubenkirsche
Prunus padus   APR–MAI

Der giftige, bis 25 m hohe Strauch
oder Baum ist in Auen und am
Waldrand zu finden. Weiße, stark
duftende Blütentrauben erblühen mit dem Blattaustrieb. Die runden Früchte glänzen schwarz.

Robinie
Robinia pseudoacacia   MAI–JUN

Der dornige Forst-, Park- und Straßenbaum wird 15–25 m hoch. Er hat
duftende, weiße Blüten, ovale Blättchen und längliche Fruchthülsen. Er
breitet sich auf trockenwarmen
Hängen und Bahnanlagen aus.

Blutroter Hartriegel
Cornus sanguinea MAI–JUN

Der bis 5 m hohe Strauch hat weiße, vierzipflige Blüten, schwarze Früchte und kommt in Hecken und lichten Wäldern vor. Im Herbst färben sich Blätter und Zweige rot. Auch junge Zweige sind rot.

Gewöhnlicher Liguster
Ligustrum vulgare JUN–JUL

Der 0,5–5 m hohe Strauch mit sommergrünen Blättern wächst in sonnigen Gebüschen. Er hat vierzipflige Blüten. Die schwarz glänzenden Beeren sind giftig. Er wird als häufig geschnittene Hecke gepflanzt.

Schwarzer Holunder
Sambucus nigra JUN–JUL

Der 3–7 m hohe Strauch hat duftende Blüten in schirmförmigen Blütenständen. Die Samen der schwarzen, nach unten hängenden Früchte sind giftig. Zweige enthalten weißes Mark.

Gewöhnlicher Schneeball
Viburnum opulus MAI–JUN

Die weißen Randblüten des 1,5–3 m hohen Strauchs sind stark vergrößert. Die roten Früchte sind sehr saftig. Der giftige Strauch kommt in Auenwäldern, Waldrändern und Hecken vor.

Wolliger Schneeball
Viburnum lantana APR–JUN

Die eiförmigen Blätter des 1-3 m
hohen Strauchs sind auf der Unterseite graufilzig behaart. Die Früchte
der schmutzigweißen Blüten sind
zuerst rot, färben sich dann
schwarz.

Rote Heckenkirsche
Lonicera xylosteum MAI–JUN

Die gelblichweißen Blüten und
scharlachroten Beeren des 1-2 m
hohen Strauchs stehen zu zweit an
einem gemeinsamen Stiel. Der giftige Strauch ist in Wäldern und
Gebüschen zu finden.

Schmetterlingsstrauch
Buddleja davidii JUL–AUG

Seit 1945 breitet sich der bis 3 m
hohe, wärmeliebende Zierstrauch
an Ufern, Straßenrändern und
Bahnanlagen aus. Duftende violette
oder purpurne Blüten locken
Schmetterlinge an.

Chinesischer Blauglockenbaum
Paulownia tomentosa APR–MAI

Der 10-15 m hohe Zierbaum verwildert an warmen Standorten in Städten. Blauviolette, duftende Blütenglocken bilden pyramidenförmige
Blütenstände und eiförmige Fruchtkapseln.

Gewöhnliche Mahonie
Mahonia aquifolium   APR–JUN

In trockenen Wäldern, Parks und Kiefernforsten verwildert der aus Nordamerika stammende 0,5-1,5 m hohe Zierstrauch. Die gelben Blüten locken Bienen an. Vögel fressen die giftigen, blauen Beeren.

Götterbaum
Ailanthus altissima   JUL

Der bis 25 m hohe Park- und Straßenbaum verwildert in Städten auf warmen Brachflächen und an Verkehrswegen. Die Früchte entstehen aus grünlichgelben, stark riechenden Blüten.

Weiß-Tanne
Abies alba   MAI–JUN

Der bis 50 m hohe Baum kommt in Laub- und Nadelwäldern vor. Die zweireihigen Nadeln haben auf der Unterseite zwei weiße Linien. Die aufrechten Zapfen fallen in einzelnen Schuppen vom Baum.

Fichte
Picea abies   APR–JUN

Der bis 50 m hohe Baum wächst wild in höheren Lagen, wird häufig aufgeforstet. Nadeln haben ein rindenfarbiges Stielchen. Die hängenden Zapfen fallen als Ganzes ab. Die Krone ist spitz dreieckig.

Wald-Kiefer
Pinus sylvestris   MAI–JUN

Der bis 40 m hohe Baum kommt an
Felsen, Steilhängen, Mooren und
Dünen vor oder in Wäldern mit
Eichen, Tannen und Fichten. Die
Nadeln stehen zu zweit. Die Zapfen
hängen nach unten.

Gewöhnliche Platane
Platanus x hispanica   MAI

In Auen und Städten verwildert der
6-40 m hohe Park- und Straßenbaum. Die Borke blättert jedes Jahr
in Platten ab. Männliche und weibliche Blüten stehen in getrennten,
kugeligen Blütenständen.

Stiel-Eiche
Quercus robur   MAI

Der bis 40 m hohe Baum wächst in
Laubmischwäldern und Auen. Mit
den Blättern erscheinen grünliche
Blüten; männliche hängen, weibli-
che sitzen. Die Fruchtbecher der
Eicheln sind lang gestielt.

Hänge-Birke
Betula pendula   APR–MAI

Der bis 25 m hohe Baum hat eine
weiße Borke, die sich in dünnen
Schichten abschält. Er wächst in
lichten Wäldern, Mooren und Heiden. Männliche Blütenkätzchen
hängen, weibliche sind aufrecht.

Schwarz-Erle
Alnus glutinosa   MÄR–MAI

Der Gewässer begleitende Baum wird bis 20 m hoch und ist auch in zeitweilig überfluteten Auen- und Bruchwäldern anzutreffen. Männliche Blütenkätzchen hängen. Die weiblichen Früchte sind anfangs grün, später braun und zapfenartig.

Hainbuche, Weißbuche
Carpinus betulus   APR–MAI

Der bis 20 m hohe Baum kommt besonders in Laubmischwäldern der tieferen Lagen, Gebüschen und Hecken vor. Die entlang der Blattnerven gefalteten Blätter haben am Rand feine Sägezähne.

Gewöhnliche Hasel
Corylus avellana   FEB–MÄR

Der 2-6 m hohe Strauch steht in lichten Wäldern und Hecken. Männliche Blüten hängen in langen Kätzchen. Von den sitzenden weiblichen Blüten sind rote Narbenbüschel zu sehen.

Echte Walnuss
Juglans regia   MAI

Der 25 m hohe Straßen- und Fruchtbaum wächst auch in Auen und Hangmischwäldern. Die glatte grüne Frucht enthält eine holzige Nuss. Männliche Blütenkätzchen hängen am vorjährigen Holz, weibliche Blüten sitzen am diesjährigen Trieb.

Berg-Ulme
Ulmus glabra   MÄR–APR

Der 30 m hohe Baum schattiger, feuchter Hangwälder besitzt Blätter mit drei Spitzen und asymmetrischem Blattgrund. Vor dem Laub erscheinen die roten Blütenbüschel.

Silber-Weide
Salix alba   APR–MAI

Der bis 25 m hohe Baum hat sehr biegsame Zweige. Er wächst in zeitweilig überfluteten Auen, an Fluss-, Bach- und Seeufern. Männliche Bäume tragen silbrige Kätzchen, weibliche grüne.

Sal-Weide
Salix caprea   MÄR–APR

Der 3-10 m hohe Strauch oder Baum ist in Waldschlägen, Waldrändern, Kiesgruben und an Dämmen zu finden. Es gibt männliche und weibliche Pflanzen. Die silberhaarigen Kätzchen wachsen nach der Blüte weiter. Die elliptischen Blätter sind auf der Unterseite weißfilzig behaart.

Sommer-Linde
Tilia platyphyllos   JUN

Der 30 m hohe Baum steiniger Hangwälder wird auch als Straßenbaum und Dorflinde gepflanzt. Unter einem flügelartigen Blatt hängen bis zu fünf blassgelbe Blüten. Die holzige Frucht ist fünfkantig.

Berg-Ahorn
Acer pseudoplatanus MAI

Der 30 m hohe Baum wächst in feuchten, auch steinigen Laubmischwäldern. Die Blätter haben unregelmäßige Zähne. Die hängenden, grünlichen Blütentrauben erscheinen mit den Blättern.

Spitz-Ahorn
Acer platanoides APR–MAI

Der 25 m hohe Baum steht in Hangwäldern und wird häufig als Straßenbaum gepflanzt. Aufrechte, vor den Blättern erscheinende Blütenbüschel bilden Früchte mit waagrecht abstehenden Flügeln.

Feld-Ahorn
Acer campestre MAI–JUN

Der bis 20 m hohe Strauch oder Baum kommt in etwas wärmeren Wäldern, Hecken und Feldgehölzen vor. Die grünlichen Blüten erscheinen nach dem Blattaustrieb. Die Blätter sind stumpf gelappt.

Gewöhnliche Esche
Fraxinus excelsior APR–MAI

Der 10-40 m hohe Baum wächst in Auenwäldern, feuchten Laubmischwäldern und trockenen, steinigen Hangwäldern. Die bräunlichen Blüten erscheinen vor den Blättern. Die Früchte sind geflügelt.

Register

Register

Impressum

Umschlaggestaltung von eStudio Calamar unter Verwendung von 1 Farbfoto von Frank Hecker. Die Aufnahme zeigt eine Nesselblättrige Glockenblume. Die kleinen Aufnahmen auf der Rückseite zeigen von links nach rechts eine Kartäusernelke von Roland Spohn, ein Waldvergissmeinnicht von Roland Spohn und eine Silberdistel von Frank Hecker

Mit 282 Farbfotos: 1 Bild von Gartenschatz (Seite 184 unten rechts); 86 Bilder von Frank Hecker (Seite 1, 2, 7 links, 11 unten, 17, 19 unten, 21 unten, 23 oben, Mitte, unten rechts, 25 Mitte rechts, 37 oben, 51, 53 oben, 57 unten, 59 oben, 61 unten, 62, 65 oben, 71 unten, 83 oben, 87 Mitte, 89 Mitte, unten, 93 oben, 95 oben, 99 oben, 109 oben, 111 oben, Mitte, 113 oben, 123 Mitte, unten, 125 unten, 128 unten, 139 oben, 141 unten, 145, 147 Mitte, unten, 149 oben, unten, 151 oben, Mitte, unten rechts, 153 oben, unten, 155 oben, 157 unten, 161, 163 unten links, 165 oben, 166, 168 unten links, 169 oben rechts, 170 oben links, 172 oben rechts, unten links, 174 oben links, 175oben links, 176, 178 oben rechts, unten links, 179 oben, 180 oben rechts, unten, 181 oben rechts, 182 oben und unten links, 183 oben links, 184 unten rechts, 185 oben und unten links, 186 oben rechts, 187 oben links, unten rechts); 3 Bilder von Ansgar Hoppe (Seite 184 oben rechts, 185 oben rechts, 187 oben rechts); 55 Bilder von Manfred Pforr (Seite 13 oben, 15, 19 oben, 21 oben, Mitte, 23 Mitte, 25 unten, 27 Mitte, 31 Mitte links, 35 unten, 47 Mitte, 57 oben, 67 unten, 69 oben, 78, 81 unten, 83 Mitte, unten, 99 unten, 105 Mitte, 107 oben, 109 unten, 111 unten, 117 unten, 119, 121 oben, 131 unten, 133 Mitte, 135 unten, 137 unten, 139 unten links, 153 Mitte, 155 unten, 157 oben links, 163 oben, 165 unten, 170 unten rechts, 171 oben, 172 oben links, 173 unten, 174 unten rechts, 178 unten rechts, 181 unten rechts); 25 Bilder von Peter Schönfelder (Seite 11 oben, 29 oben, 31 unten, 41 unten, 59 oben, 71 oben, 85 Mitte, unten, 99 Mitte, 103 oben, unten, 105 oben, 123 oben, 127 oben, 143 unten links, 147 oben, 149 Mitte, 151 unten links, 170 oben rechts, 171 unten rechts, 179 unten rechts, 180 oben links, 181 oben und unten links); alle anderen Bilder sind von Roland Spohn.

Mit 81 Farbzeichnungen: 35 Zeichnungen von Marianne Golte-Bechtle (Seite 10 unten, 12,18, 22, 28, 30, 32 oben, 46 oben, 52 oben, 54 unten, 56, 58, 70, 82 oben, 86, 88 unten, 100, 102 unten, 108, 110 oben und unten, 112, 130, 132 unten, 134, 142, 150, 156), 3 Zeichnungen von Sigrid Haag (Seite 10 oben, 106, 132 Mitte), 1 Zeichnungen von Gerhard Kohnle (Seite 122), 41 Zeichnungen von Roland Spohn (Seite 20, 24, 26, 32 unten, 34, 38, 40, 42, 46 unten, 52 unten, 54 oben, 60, 64, 68, 74, 78, 80, 84, 88 Mitte, 90, 96, 98, 102 oben, 104, 110 Mitte, 120, 124, 128, 136, 144, 146, 152) und 1 schematische Zeichnung von Wolfgang Lang (Seite 4).

Trotz sorgfältiger Prüfung und Recherche sind alle Angaben in diesem Buch ohne Gewähr. Eine Garantie oder Haftung der Autoren, des KOSMOS-Verlags oder von ihm beauftragter Personen sind ausgeschlossen.

Unser gesamtes lieferbares Programm und viele weitere Informationen zu unseren Büchern, Spielen, Experimentierkästen, DVDs, Autoren und Aktivitäten finden Sie unter **kosmos.de**

FSC
www.fsc.org

MIX
Papier aus verantwortungsvollen Quellen
FSC® C015829

Gedruckt auf chlorfrei gebleichtem Papier

© 2012, Franckh-Kosmos Verlags-GmbH & Co. KG, Stuttgart.
Alle Rechte vorbehalten
ISBN: 978-3-440- 13012-4
Redaktion: Antje Albrecht, Monika Weymann
Assistenz: Elisabeth Schwertfeger
Gestaltung und Satz: Populärgrafik Stuttgart
Produktion: Markus Schärtlein
Grundlayout: eStudio Calamar
Printed in Italy / Imprimé en Italie